차라리
자녀를
사랑
하지마라

차라리 자녀를 사랑하지 마라

초판 1쇄 발행 2009년 7월 29일
초판 5쇄 발행 2010년 10월 20일

지 은 이 이호분

펴 낸 이 이지은
펴 낸 곳 팜파스
기   획 한성출판기획(www.ibook4u.co.kr)
책임편집 용진영
교정교열 장인숙
디 자 인 최설란
마 케 팅 정재훈
출   력 다음 프로세스
인   쇄 (주)미광원색사

등록 2002년 12월 30일 제10-2536호
주소 서울시 마포구 서교동 404-26 팜파스빌딩 2층
전화 (02) 335-3681   팩스 (02) 335-3743
홈페이지 www.pampasbook.com | blog.naver.com/pampasbook
이메일 pampas@pampasbook.com

정가 12,000원
ISBN 978-89-93195-30-9 03590

차라리 자녀를 사랑하지 마라

이호분 지음

팜파스

"아이를 감당하기가 너무 힘들어요. 어떻게 해야 하나요?"

"제 마음처럼 아이 키우기가 안 되네요. 저는 엄마로서 낙제인 것 같아요."

요즈음 자녀 교육에 대한 어려움과 자괴감을 호소하는 분들이 많이 늘어나고 있다. 부모역할 훈련의 창시자인 토머스 고든Thomas Gordon은 "하나님은 부모에게 13년의 유예 기간을 주었다"라고 말한다. 이 말은 자녀가 부모의 가르침을 받아들이는 때는 단지 13살 정도까지라는 것이다. 즉, 부모는 자녀를 13년 동안만 효과적으로 가르칠 수 있다는 의미이다.

그러므로 부모는 자녀가 사춘기에 접어들기 전에 자녀와 친밀한 관계를 형성하여 효율적인 부모의 역할을 해 줘야 한다. 그러기 위해서는 자녀가 어릴 때부터 자녀 교육에 대한 분명한 원칙과 지침을 세워놓아야 한다.

간혹 '자식 사랑은 당연히 엄마 몫' 이라며 아이를 위해서라면 무엇이든 해 주려 하는 과한 사랑을 퍼붓는 엄마들도 있다. 특히 우리나라 엄마들의 자식 사랑은 사회문제로 제기되고 있는 '사교육 열풍'으로 변질되어 나타나기도 한다.

엄마라면 당연히 자신의 아이만큼은 '사랑'이라는 영양분을 충분히 공급받으면서 남들보다 훌륭하게 자라주기를 바랄 것이다. 하지만 부모의 사랑과 열정만으로 아이를 올바르게 키울 수 있는 것은 아니다. 때로는 부모의 일방적 사랑이 아이에게는 엄청난 스트레스로 전달될 수도 있기 때문이다. 부모들이 흔히 혼동하는 것 중의 하나가 바로 이 부분이다. 자녀에 대한 부모 자신의 욕심을 '사랑'이라는 이름으로 포장해서 자녀에게 강요하는 경우, 아이는 부모의 애정에 감사하기보다는 오히려 부모를 피하고 싶어 한다.

아이들은 가장 가까운 관계에 있는 부모에게 이해받고 싶어 한다. 그런데 그 부모가 자신의 생각을 무시한다고 여기게 되면, 아이는 소통의 단절을 겪게 된다. 그리고 점차 부모에게 마음을 닫는다. 결국 부모의 왜곡된 사랑이 아이에게는 세상살이의 첫 어려움이 되는 셈이다. 무엇보다 그런 부모에게 이리저리 휘둘리다 보면 아이는 '나'라는 자신의 정체성을 잃어버리기도 한다.

수시로 변화를 반복하는 복잡한 현대사회 속에서 우리 아이가 올바르게 성장하기 위해서는 '자기 정체성 확립'이 무엇보다 절실하다. 아이들 역시 변화를 반복하는 존재이며, 주변 변화에 민감하고, 또 자기 주변의 것들을 무섭도록 흡수해 버리는 스펀지와 같은 존재들이기 때문이다. 그 속에서 "내가 누구인가"를 자각하고 있는 아이는 어떠한 상황에서도 자아를 잃지 않을 뿐더러 다른 사람과의 관계를 원만히 유지할 수 있는 사회 적응력을 갖추게 된다.

자신을 단순히 사회의 부속물로 여기는 것이 아니라 사회 중심자의 역할을 담당할 수 있는 자신감을 얻게 되는 것이다. 또한, 자아가 확립된 아이들은 자기가 '하고 싶은 일'과 '잘 하는 일'을 명확하게 구분해 내고, 그 차이점을 이해하는 것도 남들보다 빠르다.

사회 활동력이 뛰어난 아이들이 성공할 확률이 높은 것은 이미 잘 알려진 사실이다. 분야와는 상관없이 자신이 좋아하고 잘 하는 일을 빨리 찾아 남들보다 먼저 실행에 옮기는 아이들이 그만큼 사회 활동력이 높아지는 것은 당연한 이치이다. 이 점으로 볼 때 부모가 일일이 간섭하는 것보다 한 걸음 뒤로 물러나 아이 스스로 선택할 수 있는 여유와 용기를 주는 것이 아이에게 더 필요한 것임을 알 수 있다.

'사랑의 기술The Art of Love'은 부모와 자식 사이에도 반드시 필요하다. 아이를 잘 키워야 한다는 강박관념에 사로잡혀 사사건건 아이의 일에 간섭한다면, 엄마의 뜻대로 움직이는 착한 아이는 될 수 있어도 주체적이고 자기 정체성이 확실한 아이로는 자랄 수가 없다.

물론 아이는 사랑으로 돌봐줘야 할 대상임이 분명하다. 하지만 엄마의 순결한 사랑에도 수위 조절과 이성적 판단이 절실히 요구된다는 것을 말해 주고 싶다. '엄마이기에 반드시', '아이의 행복을 위해서 무조건'과 같은 의무형 사랑은 지양해야 할 것이다.

나는 나 자신을 비롯한 모든 어머니들에게 정신적인 탯줄을 끊으라고 말해 주고 싶다. 정신적 탯줄을 끊어야만 비로소 내 아이를 바로 볼 수 있는 지각이 생기게 된다. 이는 자녀에 대한 사랑을 표현하지 말라는 것이 아니라, 맹목적인 자녀 사랑을 덜어내고 대신 원칙이 있는 사랑으로 아이를 독립된 개별자로 대하라는 것이다.

그러기 위해서 엄마는 명령자의 위치에서가 아니라 조력자나 관찰자의 위치에서 아이의 생각을 이해하려는 노력이 필요하다. 그것이야말로 진정 아이를 위한 엄마의 태도이다.

부모인 내가 내 아이를 가장 객관적으로 바라볼 수 있을 때, 그 때가 비로소 내 아이가 하나의 인격체로 자랄 수 있는 준비를 갖춘 때이다. 부모들이여, 내 아이를 나로부터 분리시켜 하나의 인격체로 바라보자. 그렇지 않다면 차라리 자녀를 사랑하지 마라!

이호분

contents_ 차례

1장

당신이 모르는 사이에
아이는 스트레스를
받고 있다

지나치게 사랑하라,
그러면 곧 자녀를 해치게 될 것이다

'부모의 사랑이 자녀 교육의 만능열쇠'라는 생각을 버려라. 아무리 좋은 약도 지나치면 부작용이 생기듯, 사랑도 지나치면 자녀를 해치는 무기가 될 수 있다.

　내가 아는 엄마 중에 "금쪽 같은 내 새끼"라는 말을 입에 달고 사는 사람이 있다. 그도 그럴 것이 결혼한 지 10년 만에 얻은 자식이다 보니 황금보다 값지면 값졌지 덜하지는 않은 것이 당연하였다. 그녀는 모든 시간을 아이에게 할애했다. 아이의 간식을 챙겨 주기 위해 제대로 된 외출한 번 해본 적이 없을 정도였으니 그런 지극정성은 세상 어디에도 없을 것이다. 그녀의 신념 중의 하나는 자신의 사랑이 아이를 행복하게 만든다는 것이었다. 그 말에 나는 약간의 의구심이 들었다. 과연 엄마가 생각하는 것만큼 아이가 행복할까?

　분명 자녀를 키우는 부모의 기본 조건은 '사랑'이어야 한다. 하지만 "자녀 교육에 사랑만큼 효과적인 것은 없다"라는 말만을 과신하는 엄마들은 사랑이 만병통치약이라도 되는 듯이 지나치게 과용하고 있다. 그

약이 과연 그처럼 효과적인지에 대해서는 의심해 볼 여지가 있다. 언제나 '과잉 · 과용'이라는 말에는 부정적 요소가 따르기 마련이니까….

무엇이든 들어주는 익애형 과잉보호

'과잉 사랑'은 크게 두 가지로 나눌 수 있다. 하나는 '익애형 과잉보호'이다. 이는 부모가 자녀를 너무 사랑한 나머지 아이가 원하는 것은 무엇이든 다 들어주고, 잘못된 행동에 대해서조차 꾸짖거나 나무라지 않는 양육방식이다.

이러한 태도로 양육받은 아이들은 대체로 자기중심적이다. 어렸을 때부터 자기 마음대로 행동하며 자랐기 때문에 버릇이 없는 것은 당연하다. 무엇보다 위험한 것은 이런 아이들은 감정이나 욕구 조절이 어려워진다는 점이다. 주변 상황이 마음대로 되지 않을 때에는 짜증을 심하게 내며, 작은 일에도 쉽게 좌절하고 포기하려 하고 모든 잘못을 부모의 탓으로 돌려 버리기 때문에, 자신을 반성하고 개선할 의향이 전혀 없다. 이런 아이들은 시간이 지날수록 자신의 능력에 대해 심한 불안과 의심을 하게 되고 점점 자신감을 상실하게 된다.

지나치게 간섭하고 통제하는 지배형 과잉보호

또 하나는 '지배형 과잉보호'이다. 부모가 지나치게 아이를 간섭하고 통제하는 양육법인데, 이런 부모 밑에서 자란 아이는 자기주장을 펼치는 데 익숙하지 못하다. 자율성과 독립성이 부족해 남이 지시를 내려야만 행동하는 소극적인 모습을 보인다. 구체적인 지시가 있는 것은 누구보다 잘 해결하지만, 그렇지 못한 상황에서는 자발적이고 적극적으로 문제를 해결하지 못하는 문제점을 안고 있다. 겉으로는 부모의 말을 잘 따르며 조용하고 착한 아이처럼 보이지만, 내면에는 불만을 쌓아두는 경우도 있다. 사람은 누구나 자신의 소망이 좌절되거나 부모에게 무시당한다면 불만과 분노가 쌓일 수밖에 없다. 요컨대 익애형 과잉보호 아이는 조절되지 않는 불만족이 수시로 표출되는 반면에, 지배형 과잉보호 아이들은 마음에 증오심을 차곡차곡 쌓아놓고 있는 셈이다.

이처럼 부모의 사랑이 지나치면 아이에게 악영향을 미칠 수도 있다. 아이를 건강하고 주체적인 사회인으로 키우려면, 부모는 자녀에 대한 사랑의 방식을 조율할 수 있어야 한다.

그러나 현실적으로 과잉보호가 심한 엄마들이 아이에 대한 사랑을 조절하는 일은 그리 쉬운 일이 아니다. 이런 엄마들은 기질적으로 염려가 많아서 자기도 모르게 아이를 과잉보호하려는 행동이 나타나는 경우가 많다. 또, 엄마 본인도 어렸을 때 과잉보호를 받은 경험이 있기 때문에 습관적으로 자녀를 과잉보호하려는 경향도 강하다.

아이가 혼자 살아가는 법을 터득하게 키우는 유태인 교육법

유태인 부모들은 자녀가 중등학교를 졸업하면 정신적, 물질적으로 독립할 수 있도록 이끌어 준다. 이는 유태인 부모들이 우리보다 아이를 사랑하는 마음이 부족해서가 아니라 아이를 자신의 소유물로 생각하지 않기 때문에 스스로 하나의 인격체로 성장할 수 있도록 도와주는 것이다.

유태인 부모들은 어린 시절부터 아이가 혼자 살아가는 법을 터득할 수 있도록 교육한다. 우리가 흔히 듣던 "고기를 잡아주기보다 고기 잡는 법을 가르쳐라"는 인생철학을 그대로 실천하고 있는 셈이다. 부모들은 자녀에게 "험난한 세상을 살아가는데 아무도 너를 대신해 줄 사람은 없단다. 무슨 일이든 혼자서 헤쳐 나가야 하는 것이지. 이런 마음가짐을 가지기 위해서는 어려서부터 스스로 할 수 있는 용기와 힘을 길러야 해!"라고 조언해 주면서 자립심을 심어 주고 있다.

용돈도 그냥 주는 일이 없다. 용돈이 필요하다 싶으면 아이는 설거지나 방청소 등의 물리적인 일을 해야 한다. 초등학교 고학년이 되면 집을 벗어나 아르바이트를 하면서 용돈을 해결하는 경우도 많다. 이러한 방식으로 유태인 아이들은 일찌감치 독립심과 자립심을 키우게 된다. "아르바이트는 무슨 아르바이트. 허튼짓 하지 말고 공부나 열심히 해!"라고 말하는 우리나라 부모들과는 사뭇 다른 모습이다.

유태인 아이들이 다니는 예루살렘의 유치원에는 낮잠 준비도 아이들이 스스로 할 수 있도록 지도한다고 한다. 선생님이 "낮잠 잘 준비하세요"라고 하면 아이들은 일제히 자기 사물함에서 큰 매트리스를 꺼내 적당한 자리에 깔고 잠자리에 든다. 어린 시절부터 자신의 일은 스스로 할 수 있도록 생활화하는 교육이 이루어지고 있는 것이다.

우리는 "부모의 사랑이 자녀 교육의 만능열쇠"라는 생각을 버려야 한다. 아무리 좋은 약도 지나치면 부작용이 생기듯, 자녀를 위한 사랑도 지나치면 오히려 자녀를 해치는 무기가 될 수 있다. 아이의 마음을 여는 진정한 만능열쇠는 '분별력 있는 사랑'임을 잊지 말아야 한다.

 엄마의 과한 사랑을 덜어내는 방법

당신은 과잉보호가 심한 엄마인가? 그렇다면 자녀에 대한 지나친 사랑을 줄이기 위해 다음과 같은 원칙을 지키도록 노력해 보자.

첫째, 부모 자신의 문제를 인식하자.

둘째, 일정한 시기가 되면 자녀의 독립성을 인정해 주자.

셋째, 자녀를 과잉보호할 경우 생기는 문제점에 대해서 인식하자.

넷째, 안전한 범위 내에서 자녀가 놀 수 있도록 하고, 점차 그 범위를 넓혀서 자녀에게 독립권과 자율권을 주자.

다섯째, 엄마 자신도 무언가에 몰두할 수 있는 취미생활을 갖자.

여섯째, 자녀 혼자서 친구 집에 놀러가게 해 보자.

아이는 스스로 자라는 능력을 가지고 있다

아이를 잘 키우려면 아이와 적당한 간격을 유지해야 한다. 아이는 스스로 자라는 능력이 있어서 '하고자 하는 마음'만 자극해 주면 혼자 힘으로도 잘 자랄 수 있다.

여섯 살 이전까지 아이들의 뇌는 빠르게 발달해서 이 시기의 아이들은 무엇이든 쉽게 배우고 익힐 수 있다. 이것은 다각적인 연구를 통해 익히 알려진 사실이다. 그래서 교육열이 높은 우리나라 엄마들은 이 시기를 놓치지 않기 위해 애를 쓴다. 아직 우리말도 제대로 못하는 아이를 반강제로 영어 학원을 보내기도 하고, 더 나아가 좋은 영어 발음을 위해 혀밑을 잘라 주는 수술이 유행한 적도 있었다.

이러한 과도한 조기교육 열풍은 '남들보다 먼저 접하게 하면 그만큼 우리 아이가 앞서간다'고 여기는 부모의 지나친 믿음에서 비롯되었다. 실제로 아이들의 뇌는 어떤 것을 접하느냐에 따라 발달이 좌우된다. 때문에 이러한 논리가 부모들에게 꽤나 신빙성 있게 자리 잡고 있는 것이 사실이다.

하지만 우리는 중요한 한 가지를 간과하고 있다. 그것은 바로 개개의 아이들이 그 시기에 갖는 정신적·신체적 발달 수준을 고려치 않았다는 것이다. 부모들은 자녀의 정신적 성장을 염두에 두지 않고 무조건 주위 아이들보다 빠르게 시작해야 된다는 요상한 심리를 갖고 있다. 이는 부모가 남보다 나아지려는 자신의 경쟁 욕구를 자녀를 통해 이루고자 하는 것이라고 해도 과언이 아닐 것이다. 비록 순수한 의도일지라도 아이의 성향이 무시되는 지나친 교육열은 좋지 않은 결과를 가져온다. 전 세계인이 사랑하는 음악가 모차르트는 부모의 지나친 간섭이 어떤 영향을 끼쳤는지 잘 보여주는 좋은 예이다.

아버지의 엄격한 교육 때문에 불행한 삶을 살았던 모차르트

어려서부터 음악에 천부적인 재능이 있었던 모차르트Wolfgang Amadeus Mozart는 세 살 때부터 아버지에게 음악교육을 받는다. 아버지의 엄격한 지도 아래 5살 때 이미 소곡을 작곡하였고, 6살 때부터는 연주 여행을 하였으며, 16살 때에는 비엔나의 궁정 지휘자로 활동했다. 하지만 이렇게 풍부한 음악적 재능을 가졌음에도 모차르트는 어른이 되어서 일상생활에 많은 어려움을 겪었다.

콘스탄체와의 결혼으로 아버지와의 관계가 소원해진 모차르트는 물질적으로나 정신적으로 무절제한 생활을 하게 된다. 경제적으로 어려운 데도 호화로운 파티를 열었고, 아내에게 값비싼 선물을 사주며 사치스러운 생활을 하다가 결국에는 심각한 가난에 시달리다 쓸쓸한 죽음을 맞이하게 된다. 비록 음악가로서 커다란 성공을 거두었을지는 모르나 한 인간으로서는 불행한 삶을 살았던 것이다. 어렸을 때부터 아버지의 보호 속에서 자라서 혼자 세상을 살아가는 능력과 상황을 판단할 수 있는 능력을 갖추지 못했기 때문이다.

모차르트의 잠재되어 있는 천재성을 불러일으키는데 아버지의 힘은 크나큰 역할을 했다. 하지만 아버지의 엄격한 교육 때문에 모차르트는 주체성을 잃고, 사회를 살아가는 네 필요한 최소한의 기본적인 능력을 갖출 기회를 박탈당한 셈이다.

모차르트 사례를 통해 우리가 알아야 할 것은 아이를 성공적으로 키우려면 적당한 간격을 유지해야 한다는 점이다. 많은 사람들이 엄마가 적극적으로 관여해야 아이가 훌륭하게 자란다고 생각하는데, 아이는 스스로 자라는 능력을 가지고 있어서 '하고자 하는 마음'만 자극시켜 주면 혼자 힘으로도 잘 자란다. 실제로 널리 알려진 위인들의 부모들은 자녀에게 조금은 방관적이었다는 사실을 알고 있는가?

대 정치가로 성장할 수 있는 발판을 마련해 준 처칠의 아버지

영국의 위대한 정치인 윈스턴 S. 처칠Winston Leonard Spencer Churchill의 부모도 그러했다. 어린 시절, 처칠은 누구에게도 주목받지 못하는 평범한 아이, 더 정확하게 말하자면 조금은 모자란 아이였다. 처칠은 라틴어 과목에서 항상 꼴찌를 도맡아 했다. 아무리 가르쳐도 실력이 조금도 나아지지 않자 선생님은 처칠에게 이렇게 말하기도 했다.

"윈스턴, 넌 정말 어쩔 수 없구나. 너처럼 머리가 좋지 않은 아이는 내 생전에 처음 본다."

그러나 처칠의 아버지는 학교성적이 좋지 않은 것을 크게 문제 삼지 않았다. 다른 부모와 달리 처칠의 아버지는 공부를 강요하기보다는 그에게 다른 선택의 가능성을 제시해 주었다. 그리고 선택은 전적으로 처칠이 하도록 하였다.

처칠은 자신의 선택에 따라 육군사관학교에 들어갔고, 우수한 성적으로 졸업을 했다. 처칠이 대 정치가로 성장할 수 있도록 발판을 마련해 준 장본인은 바로 아버지였던 것이다. 만약 처칠의 아버지가 처칠에게 다른 아이들과 똑같이 공부하라고 잔소리만 했다면 어떻게 됐을까?

요즘은 아이에게 선택권을 주는 부모도 많이 늘어났지만 정작 아이의 선택을 있는 그대로 받아들이는 부모는 몇이나 될지 궁금하다. 혹시나 자녀에게 "네가 하고 싶은 일을 찾아 보렴", "네가 원하는 대로 해야지!"라고 말하면서 마음속에 미리 정답을 정해 놓은 건 아닌지? 과연, 진정으로 아이를 있는 그대로 받아들일 준비가 되어 있는지 부모 스스로 생각해 볼 일이다.

나는 어떤 부모일까?

자신이 어떠한 유형의 부모인지 냉정히 파악해야 한다. 엄마 스스로 자신을 돌아볼 준비가 되어 있을 때, 비로소 아이의 행복이 가까워진다.

많은 사람들이 아이를 낳으면 저절로 부모가 된다고 여긴다. 틀린 생각은 아니다. 아이가 생기면 '부모'라는 꼬리표가 언제나 따라다니기 때문이다. 하지만 단순히 부모란 말이 '좋은 부모'를 의미하는 것은 아니다.

부모의 역할을 제대로 하는 데에는 많은 준비가 필요하다. 일단, 부모 자신의 성숙도를 객관적으로 판단해 보는 시간이 필요하다. 자신과 원가족과의 관계는 어떠했으며, 그 관계 속에서 해결되지 못한 갈등은 없는지를 생각해 보아야 한다. 혹시 어린 시절에 치명적인 상처를 입었다면, 부모가 된 지금 그것을 어떻게 소화하고 있는지 자신의 내면을 살펴볼 필요도 있다.

사실, 이 모든 문제가 금세 해결될 수 있는 것은 아니다. 그러나 내 어린 시절 부모와 나와의 관계가 현재 나와 내 아이와의 관계에서 어떻게 투영되어 나타나고 있는지를 제대로 인식하는 것은 매우 중요하다.

아이를 나의 분신으로 여기고 있지는 않은가?

자녀에 대한 사랑은 '이타심의 극치'라고 할 수 있다. 아무리 이기적이고 자기중심적인 사람이라도 자식에 대한 사랑은 본능이기 때문에 넘치는 자식애를 과시하기 마련이다. 하지만 기본적으로 '남의 입장에서 생각하는 훈련'이 안 되어 있는 사람은 자녀를 사랑하는 방식에도 자기만의 일방적인 방법으로 하기 때문에 자녀를 '그 자체'로 받아들이지 못한다. 그렇기 때문에 자신의 본능에 충실해서 자식을 사랑하는 일은 지양해야 한다.

또 하나, 내가 낳은 자식이라도 첫째 아이와 둘째 아이, 세 번째로 낳은 아이에 대한 마음가짐이 조금씩 다른 것이 사실이다. 첫째 때는 부모 자신도 덜 성숙하고 준비 또한 부족한 터라 왠지 자신 없고 긴장되어서 부담감이 앞서기 마련이다. 그리하여 아직은 부모로서의 정체성과 진정한 이타심을 갖기 힘들다.

그렇기 때문에 아이를 아이 자체로 보는 것이 아니라 '나의 분신' 쯤으로 여기기 쉽다. 그래서 보통 큰아이에게 지나친 기대와 관심, 간섭이 따르기 마련이다. 이 때문인지 큰 아이들은 부모의 기대나 노력에 비해 본의 아니게 실망시키는 일이 많다. 대다수 소아정신과를 찾는 아이들이 첫째 아이들인 점을 본다면 첫째가 갖는 스트레스는 생각 외로 심각하다.

반면, 둘째를 낳을 때에는 시간적으로 더 성숙해졌을 뿐더러 첫째 아이를 키워 본 경험이 있어서 여유로워진다. 더욱 중요한 점은 자신에 대한 나르시시즘을 어느 정도 벗어난 상태에서 아이를 대할 수 있다는 것이다. 이제는 아이를 '있는 그대로의 아이'로 보게 되고, 아이의 특성을 어느 정도 파악해서 능동적으로 상황에 대처할 수 있는 능력을 갖추기도 한다. '나의 분신'도 아니고 내 욕구를 보상받을 '대상'도 아니라는 것을 깨닫게 된다. 그래서 첫째보다는 둘째나 셋째를 덜 통제하면서 자유롭게 키우는 것이 아닌가 싶다.

나만 해도 그런 덕을 톡톡히 본 경우다. 삼남매 중 셋째로 태어난 나는 상대적으로 부모님의 관심을 덜 받고 자랐다. 물론 그것이 불만인 적도 있었지만 지금 생각해 보면 그 덕분에 내가 자율적으로 자랄 수 있었던 것이 아닌가 싶다.

우리 부모님은 유달리 교육열이 강하셨다. 사교육 열풍이 그리 강하지 않던 시기인데도 언니, 오빠를 초등학교 때부터 과외를 시켰고, 어린 나이에 서울로 유학까지 보내셨다. 하지만 난 그러한 부모님의 교육열의 열외 대상이었다. 늦둥이로 태어난지라 어느 정도 마음의 여유가 생기셨는지 나를 언니, 오빠처럼 몰아붙이지 않았다. 아마도 이 때문에 나는 내 자신의 미래와 꿈에 대해 생각할 시간적 여유가 많았던 것 같다. 어느 정도의 사랑과 관심이 아이에게 독이 되고 약이 되는지를 곰곰이 생각해 볼 필요가 있다.

부모의 양육 유형

부모의 양육 유형은 크게 권위주의형, 허용형, 방임형, 수용형으로 나누어 볼 수 있다. 물론 이 중 한두 가지는 겹쳐서 교육하는 방법도 있을 테고, 자녀의 서열에 따라 다른 양육 방식을 적용하는 경우도 있을 것이다. 이 중에서 내가 어떠한 양육 유형에 속해 있는지는 대략 가늠해 보자.

권위주의형 부모는 지나치게 권력을 휘두르며 아이를 간섭하고 통제하는 스타일이다. 그러한 부모 밑에서 아이는 억압당하고 존중받지 못한다는 느낌을 받게 되어 분노가 쌓이게 된다. 이와 반대로 허용형은 원칙과 제한이 없는 사랑으로, 아이의 욕구를 만족시켜 주는 데 초점을 맞추고 있어서 적절한 지침이나 훈육을 주지 못한다. 이러한 방법으로 양육된 아이는 대부분 불안 심리를 가지고 있는 경우가 많다.

이 외에 아이를 돌보는 일에 전혀 관심을 기울이지 않거나 간섭을 하지 않고 방치해 버리는 것이 방임형 양육 방식이다. 가장 이상적인 것은 적절한 자율성과 통제가 조화롭게 이루어지는 수용형 방식이라 할 수 있다.

사실, 우리나라는 특수한 환경을 제외하고는 방임형의 부모를 찾아보기 힘들다. 오히려 지나친 사랑과 관심, 통제와 간섭이 문제를 일으키는 경우가 많다. 그래서 권위형과 허용형의 부모를 다섯 가지로 세분화시켜 보았다. 보상심리형 부모, 과잉통제형 부모, 희생형 부모, 욕구충족형 부모, 서툰 사랑형 부모 유형이다.

보상심리형 부모, 콤플렉스 있는 아이

"다 아이 잘 되라고 하는 거지요. 난 아이에게 바라는 거 없어요. 자기 앞가림 잘하고 편하게 살면 그것으로 족해요"라는 말로 자신의 보상심리를 정당화하고 있지는 않은 가?

"부모님은 저에게 너무 잘해 주세요. 함께 산책도 해 주시고, 부잣집이 아닌데도 제가 원하는 것이면 뭐든지 사 주셨어요. 게다가 아버지는 사업도 어려우신데 저를 미국에 유학까지 보내 주셨어요. … 사실 저는 부모님에게 별 불만은 없어요. 어렵게 유학을 갔는데 다른 아이들보다 잘하고 열심히 해야 했어요."

조기유학 중 귀국해서 진료를 받았던 한 아이의 말이다. 이 아이는 몇 년 동안 고질적인 두통과 불면증에 시달려 왔으며 결국에는 유학생활을 지속하기 힘들 정도로 악화되어 영구 귀국한 상태였다. 그 아이의 학교 생활은 아주 모범적이었고 성적도 우수한 편이었다. 때문에 아이의 부모는 다른 부모들의 부러움을 한몸에 받고 있었다.

하지만 아이는 "부모님이 윽박지르며 공부하라고 부담을 주시는 건 아니었어요. 하지만 '너만 잘해 주면 이정도 고생쯤은 백 번이라도 한다', '원하는 것은 뭐든지 들어줄 테니까 넌 공부만 열심히 해!'라고 말씀하시면 은근한 강요로 들려서 공부를 안 하고 있으면 죄책감이 들어요. 저스스로 공부를 덜했다고 생각이 들면 머리가 뽀개지듯 아파서 견딜 수가 없어요!"라고 심정을 토로했다.

자신이 이루지 못한 부분을 자녀를 통해 채우고 있지 않은가?

아이의 엄마는 공부를 잘하는 남매들 틈에서 자라서 언제나 열등감을 느꼈다고 한다. 수재 소리를 듣는 다른 형제들 사이에서 그저 평범했던 엄마는 자신이 남들보다 무가치하고 보잘 것 없다고 생각하기도 했었다. 그래서 마음속에는 '내가 공부만 잘했더라면'이라는 아쉬움을 항상 가지고 살았다고 한다.

아이 엄마는 공부만 잘하면 언니나 동생처럼 부모님에게 인정받고, 좋은 직장도 가질 수 있을 것이고, 또 좋은 조건의 배우자를 만나서 잘 살 수 있을 것이라는 생각을 늘 품고 있었다고 한다. 그래서 남편을 고를 때에도 다른 조건은 보지 않고 무조건 학벌이 좋은 사람을 찾았다고 한다.

그런데 아이를 낳고 보니 '우리 아이가 언니네 아들보다는 잘해야 되는데, 뒤처지면 어쩌나…'하는 쫓기는 마음이 생겨나기 시작하였다. 당연히 아이도 이런 엄마의 마음을 고스란히 느끼게 된 것이다. 아이는 늘 사촌들과 비교해서 자신이 좀더 나아야 마음이 편해졌고, 엄마도 만족스러워 해서 자신을 채찍질하지 않으면 안 되었다. 그런 데다가 자수성가한 아버지마저 "너희는 이렇게 좋은 환경에서 왜 공부를 못하는 거냐? 이정도 환경이면 나는 알아서 잘 했겠다!"라는 말로 아이를 몰아붙였다. 이같이 부모 자신이 이루지 못한 부분을 자녀를 통해 채우려 했기 때문에 아이는 심리적인 스트레스를 받을 수밖에 없었던 것이다.

내 콤플렉스가 내 아이의 콤플렉스로 이어진다

요즘 부모들은 아이에게 물리적으로 아낌없이 다해 주려고 노력한다. 그리고 이러한 노력에는 아이를 통해 보상받으려는 욕구가 깔려 있기 마련이다. 그런데 대다수의 엄마들은 "다 아이 잘 되라고 하는 거지요. 난 아이에게 바라는 거 없어요. 자기 앞가림 잘하고 편하게 살면 그것으로 족해요"라는 말로 자신의 보상심리를 감추거나 정당화시키려고 하는 경우도 있다. 또, "아이에게 공부하라고 강요하진 않아요. 돈 들였으니 이왕이면 열심히 하라고만 해요"라며 의연함을 보이기도 한다. 하지만 이면에는 무의식적으로 "내가 이루지 못한 꿈을 네가 이뤄 줘야 해. 내 모든 희망은 너야!"라는 식의 주문이 깃들어져 아이에게 커다란 부담감을 안겨 줄 수 있다.

부모들은 단순하게만 생각했던 자신의 욕심이 내 자녀의 목을 죄는 쇠사슬이 되고 있지는 않은지 생각해 보아야 한다. 대부분의 아이들은 부모의 무언의 압력을 예민하게 느끼기 때문이다. 우선 부모는 내 마음의 콤플렉스가 무엇인지 먼저 찾아보도록 하자. 그것이 바로 내 아이의 콤플렉스로 이어지고 있을지도 모르니까 말이다.

과잉통제형 부모, 억압받는 아이

아이를 지나치게 통제하는 부모들은 대개 강박적이고 완벽주의적인 성향을 갖고 있어 서 아이들이 하는 일은 언제나 미덥지 못하고 불안한 마음이 앞선다. 마치 아이들이 하는 대로 두었다가는 엄청난 불행의 대가를 치러야 할 것 같은 걱정이 앞서서 그냥 내버려둘 수 없는 것이다.

1년 전쯤 병원을 찾았던 준호는 만 3세에 가까운 나이였지만 말을 하지 않고, 이름을 부르거나 질문을 해도 반응이 없었다. 대신 갈매기 우는 소리를 내며 혼잣말만 중얼거리는 것이었다.

준호 엄마는 이미 다른 병원을 두루 다녀본 상태였고, 나름대로 책을 통해 얻은 지식으로 아이를 자폐증으로 단정짓고 있었다. 하지만 내가 보기에 준호는 자폐아와는 조금 다른 특징을 보였다. 무표정한 듯 싶지 만 불안해하는 모습이 역력했으며, 놀이를 유도할 때는 눈맞춤이 확연히 좋아졌으나 여전히 상대방의 눈치를 살피고 있었다.

과잉통제형 부모는 자녀를 불안하게 만든다

상담을 하는 과정에서 살펴보니 역시 준호의 문제점은 부모에게 그 실마리가 있었다. 자유로운 생활을 원하는 준호 아빠는 프리랜서로 일하다 보니 수입이 일정치 않았고, 남는 시간에는 컴퓨터 게임에 푹 빠져 지냈다. 똑 부러지고 늘 치밀하고 계획성 있게 사는 준호 엄마는 그런 남편을 이해하지 못하였다. 부부 사이의 갈등은 깊어져 갈 수밖에 없었고 남편에게 기대할 것이 없다고 판단한 준호 엄마는 아들만이라도 잘 키워야겠다는 생각에 아이 교육에만 매달렸다.

준호 엄마는 돌 때부터 플래시 카드나 영어 테이프를 들려주면서 조기교육에 열을 올렸고, 아이가 잘 따라오지 않으면 호되게 다그치기도 했다. 엄마는 종종 아이가 자신의 통제대로 되지 않으면 '이러다 제 아빠처럼 되는 건 아닌가' 싶어 몹시 불안해지고 소름이 끼쳐서 더욱 몰아칠 수밖에 없었다고 한다.

결국 준호에게는 엄마가 두려운 존재가 되고 말았다. 준호는 엄마가 불러도 반응을 보이지 않았고 자기 나름대로의 방법으로 분노를 터트리기도 했다. 반복되는 행동을 통해 불안을 통제하면서 자신만의 세계에 빠져들었던 것이다.

상담을 끝낸 후 나는 조심스럽게 준호 엄마에게 아이보다 먼저 엄마가 치료받아야 함을 말하였다. 약물과 병행하여 감정을 조절하고 자신의 불안을 통제하는 법을 익히게 했으며, 부부치료를 통해 서로의 다름을 인정하는 법도 배울 수 있도록 했다. 아들 준호 역시 엄마의 계획된 스케줄에 따라 완벽히 통제되고 조종되는 로봇이 아니라는 사실을 받아들일 수 있도록 도와주었다. 그리고 정해진 분량의 공부가 아니라 놀이 시간을 갖고 함께 노는 방법을 가르쳐 주었다. 무엇보다 엄마 자신도 여유 있는 시간을 갖도록 해서 게으름도 피워 보고 쓸데없어 보이는 컴퓨터 게임도 하면서 소일거리를 찾아볼 것도 권하였다.

준호 엄마는 차차 자신처럼 규칙과 계획대로 사는 사람도 있지만, 그와는 반대로 준호아빠처럼 자유롭게 사는 생활방식도 있다는 것을 인정하고 이해할 수 있게 되었다. 그리고 남편이 게임으로 시간 낭비를 한다고 느꼈던 불만도 다소 누그러졌다.

시시콜콜 참견하고 간섭하는 것만이 최선이 아니다

준호 엄마와 같이 아이를 지나치게 통제하는 부모들은 대개 강박적이고 완벽주의적인 성향을 갖고 있어서 아이들이 하는 일은 언제나 미덥지 못하고 불안한 마음이 앞선다. 마치 아이들이 하는 대로 두었다가는 엄청난 불행의 대가를 치러야 할 것 같은 걱정이 앞서서 그냥 내버려둘 수 없는 것이다. 따라서 아이를 불행에서 구원하는 선구자 역할을 자처하며 아이를 쉽게 이끌어 나갈 수 있도록 다그치게 된다. 하지만 정작 아이는 부모 위주의 계획 때문에 자신의 수준 이상의 일을 해 내야 하는 부담감을 떠안아야 하고, 동시에 부모의 억압과 통제를 받는 이중의 고통을 느끼게 되는 것이다.

과잉통제형 부모는 아이가 힘들게 고민을 털어놓으면 아이의 상처를 보듬어 주고, 마음을 헤아려 주기보다는 자기 식대로 해결 방법을 제시하거나 직접 해결사로 나서기도 한다. 시시콜콜 참견하고 간섭하는 것만이 아이를 위한 최선의 행동이라고 여기는 것이다.

희생형 부모, 짜증내는 아이

자식에게 무조건 희생하는 부모들이여, 생각하라! 자식이 당신의 희생에 보답하여 잘 따라주는 것도 잠깐, 머지않아 아이의 마음속에 쌓인 분노가 폭발하여 터져 나올지도 모른다.

아이를 데려온 부모들을 면담할 때 나는 우선 자신의 어머니에 대해서 연상되는 몇 개의 형용사를 말해 보도록 한다. 이는 엄마 자신과 어머니와의 애착 관계를 알아보기 위한 것인데, 엄마들이 가장 많이 떠올리는 단어는 바로 '희생적인'이라는 형용사이다. 나 역시 마찬가지로 이 단어를 연상하였을 것이다. 그리고 이 책을 읽는 대다수의 독자도 그러하지 않을까 싶다.

우리는 부모님 세대의 희생을 영양분으로 살아왔다. 모든 것이 풍족하지 못했던 시기였으므로 어쩌면 '희생'이라는 것은 그 시절에 지극히 당연한 일이었는지도 모른다. 우리는 엄마는 생선 머리만 좋아하는 줄 알았던 철부지였다. 고기나 생선을 마음껏 살 수 있는 여유로운 형편은 아니었지만 우리는 어머니의 희생으로 고기와 생선을 먹으면서 건강하게 자랄 수 있었다. 그래서 '어머니'하면 가슴 찡한 감동과 고마움을 갖게 되는 것이다.

세월이 지난 지금도 부모는 여전히 희생적인 존재로 남아 있는 것 같다. 자식과 아내를 모두 외국으로 보내고 홀로 사는 기러기 아빠를 비롯해서 생활비의 절반 이상을 사교육비로 소모하고 영화 한 편, 여행 한 번을 제대로 가보지 못하는 부모들이 있는가 하면, 아이에게는 수십 권의 책을 무더기로 사서 안기면서 정작 자신은 책 한 권 사 보지 못하는 부모도 있다. 바로 이것이 오늘날 희생적인 부모의 모습이다.

그런데 우리 자녀들도 우리처럼 부모에 대해 무한한 감사와 감동을 느끼고 있을까? 혹시나 부모의 욕심 때문에 아니면 이웃집 아이와 비교당하거나 경쟁구도 때문에 오히려 희생된 것이 자신이라고 기억하지는 않을까? 사뭇 걱정된다.

자녀들은 부모의 무조건적인 희생을 바라지 않는다

얼마 전 보았던 '대호'라는 아이가 생각난다. 중학교 2학년인 대호는 짜증을 많이 내고 공부를 안 하더니 심지어 학교까지 가지 않겠다고 떼를 써서 병원을 찾아왔다. 엄마는 억지로 학교를 보내려 했으나 반항이 점점 심해져 감당하기 힘들다고 하였다.

대호의 가족은 겉으로 보기에는 지극히 평범한 가정이었다. 아빠와 엄마는 사회생활에 별다른 문제가 없었다. 하지만 문제는 집안에서 일어났다. 신혼 초부터 성격이 맞지 않았던 부부는 싸움이 잦았다. 그러다 보면 다혈질이었던 대호 아빠는 엄마를 폭행하는 일이 많았고, 맞고 살 수는 없었던 대호 엄마는 이혼을 결심하기에 이르렀다. 하지만 때마침 대호를 임신하는 바람에 이혼마저도 포기할 수밖에 없었다.

대호 엄마는 대호가 총명하게 커가는 걸 보면서 희망이 생겼다. 다른 아이들에 비해 말도 빨랐고 글도 빨리 익혔으며, 학교에 가서도 공부를 꽤 잘하는 기특한 아들이었다. 그런 대호를 보면서 엄마는 남편에 대한 미움도 잊고 폭력을 당하면서도 참고 살아갈 수 있었던 것이다. 둘째 아이는 상대적으로 대호에 비해 지적인 능력이 떨어지는 것 같아서 별 기대를 갖지 않았다.

대호 엄마는 모든 집안의 계획을 대호의 스케줄에 맞추었다. 대호만 잘 자라 준다면 매 맞으며 살아온 자신의 결혼생활도 후회하지 않을 것 같았다. 빠듯한 샐러리맨 월급으로도 좋다는 조기교육과 과외는 모두 시켜주었고 학교에서 임원이란 임원은 다 맡으며 전폭적인 지원을 아끼지 않았다. 아이가 원하는 것은 아이가 말하기 전에 알아서 챙겨 주는 성실한 엄마였다.

그렇게 엄마의 정성에 대호도 잘 따라 주었다. 적어도 초등학교 때까지는 말이다. 중학교에 들어가자 아이는 차츰 엄마 말을 거역하기 시작했다. 자기주장을 굽히지 않고 꼬박꼬박 말대답하는 아이에게 엄마는 심한 배신감을 느꼈다고 했다. 아빠는 몰라도 자신만은 아이에게 완벽한 엄마라고 생각했고, 모든 걸 희생하면서까지 아이에게 헌신해 왔는데 자신을 무시하는 아이의 행동을 보니 참을 수가 없었다.

그런데 면담을 해 보니 대호의 생각은 엄마와 많이 달랐다.

"처음에는 엄마가 아빠에게 맞는 걸 보고 불쌍했어요. 그래서 엄마를 위해 훌륭한 사람이 되어야겠다고 생각했는데, 시간이 지날수록 맞는 모습밖에 보여 주지 못하는 엄마에게 화가 나기 시작했어요. 엄마도 힘들지만 그런 모습을 보는 우리도 힘들다는 걸 엄마는 몰라요. 엄마는 우리 때문에 산다고 하지만 그 말이 지긋지긋하고 짜증나요!"

이런 분노를 겉으로 표현하지 못하고 있던 대호는 차츰 우울해졌다. 대호 엄마는 자신의 감정이나 인생을 희생하며 자녀를 위해 모든 것을 포기했지만 정작 아이가 느끼는 감정적인 분노를 헤아리지 못하는 결정적인 오류를 범했던 것이다.

자식에게 무조건 희생하는 부모들이여, 생각하라! 자식이 당신의 희생에 보답하여 잘 따라주는 것도 잠깐, 머지않아 아이의 마음속에 쌓인 분노가 폭발하여 터져 나올지도 모른다.

욕구충족형 부모, 제멋대로 행동하는 아이

부모가 자신감을 잃고 아이의 잘못을 꾸짖지 못할 때, 아이들은 사회의 관습이나 규범에 혼돈을 갖게 된다. 그래서 차츰 기본적인 규범도 헷갈려 하고 도덕적으로 미숙해서 남을 배려하지 못하는 아이가 되어간다.

아이들의 욕구충족을 너무 제한해서 결핍감을 느끼게 해서도 안 되지만, 그렇다고 무조건 충족시켜 주는 일도 능사는 아니다. 사실, 요즈음은 욕구에 대한 불만족으로 생기는 문제보다는 욕구를 너무 만족시켜줘서 생기는 문제가 더 많아졌다. 아무래도 경제적으로 풍족해지고 자녀가 한둘에 그치다 보니 그러한 경향이 나타나는 것 같다.

"안 돼!"라고 말하는 것이 힘든 부모들

이혼가정이 늘어나면서 이혼한 부모들은 아이에게 갖는 미안한 마음을 아이가 원하는 것을 들어주면서 풀려는 경우가 많다. 그래서 아이에게 적당한 선에서 "안 돼!"라고 말하는 것을 상당히 힘들어 한다. 또 어려서부터 몸이 약하거나 선천적인 질병이 있는 아이라면 안쓰럽고 가여운 생각이 먼저 들어 제대로 된 훈육과 한계를 결정짓지 못해 결국 아이의 정신까지 병들게 한다. 이러한 아이들은 자신의 감정을 통제하지 못하고 욕구를 조절하지 못해 건강한 사회구성원으로 생활하기 어려워진다.

엄하게 꾸짖는 아버지가 필요하다

아버지의 부재도 제멋대로인 아이를 만드는 한 원인이 되고 있다. 우리나라 아버지들은 세계에서 유래를 찾아보기 힘들 정도로 바쁜 분들이다. 회사 일과 회식, 접대 모임은 물론 각종 학연, 지연으로 얽힌 모임에, 주말엔 업무상 골프모임 등에 참석하느라 눈코 뜰 새 없는 것이 우리네 아버지들이다. 이렇게 바쁘지 않으면 살아남기 힘든 것도 우리 사회의 병폐인 것은 사실이다. 어쨌든 매일 바쁜 아버지들은 언제나 가정에서 부재중일 수밖에 없다. 예로부터 집안에서는 엄한 아버지의 역할이 있었다. '안 되는 것'을 '안 된다'고 가르치고 훈육하는 것은 아버지의 큰 역할이었다.

그러나 현대사회에서 아버지의 역할모델은 많이 달라졌다. 예전엔 '엄부嚴父'가 전형적인 유형이었다면 요즘의 좋은 아버지상은 '친구 같은 아빠'로 변화되고 있다. 아이의 눈높이를 맞추어 잘 놀아 주고 편안하게 대화할 수 있는 아빠가 최고라고 여겨지고 있는 때이다.

물론 그것은 매우 바람직하고 필요한 일이다. 예전처럼 권위와 힘을 과시하는 아버지는 너무 일방통행이어서 주고받는 대화가 불가능했으며, 아이는 억압적인 느낌을 강하게 받아 왔었다. 때문에 '친구 같은 아빠론'이 상당 부분 이상적인 아버지로 떠오르고 있는 것이다.

하지만 아버지는 친구같은 면과 엄하게 꾸짖어 주는 면이 적절하게 조화되어야 한다. 지금처럼 '친구 같은 아빠론'만이 우세한 것은 균형 감각을 잃어 한쪽으로 치우친 불균형 아빠라고 할 수 있다.

즉각적인 만족을 주면 자기중심적인 아이가 되기 쉽다

성진이는 유치원에 다니는 남자아이다. 그런데 유치원에 다니는 일이 성진이에게는 여간 어려운 일이 아니었다. 여차하면 친구를 때리고, 수업시간에 제멋대로 돌아다니는가 하면, 친구와 놀 때 마음대로 안 되면 울어 버리는 통에 친구들이 상대를 해 주지 않았다.

성진이는 외동아들로 젊은 엄마, 아빠 사이에서 태어났다. 아빠는 잘나가는 벤처 사업가였으며 매우 개방적인 성격에 자유로운 사고를 가진 분이었다. 아이도 자신처럼 창의적인 일에 종사할 수 있도록 "억압하지 않고 아이가 원하는 대로 키워야 한다"는 소신이 있었다. 참으로 듣기 좋은 말이다. 그러나 이 말 속에는 자신이 어린 시절에 누리지 못했던 자유나 경제적 풍요를 자신의 아이에게 다 주고 싶은 욕구가 짙게 깔려 있었다.

전업주부인 성진이 엄마에게는 아이에게 헌신적일 것을 요구했는데, 가령 아이가 배고파하는 기색이 보이면 우유를 바로 먹일 수 있도록 미리 모든 것을 준비해 놓도록 하였다. 그래서 성진이는 어려서부터 30초 이상 울어 본 적이 없었다. 이렇게 즉각적인 만족을 주면 아이가 구김살 없이 밝고 자신감 있게 자랄 것이라고 기대했던 것이다.

하지만 자기중심적인 성진이는 부모의 기대와는 달리 유치원에서 상처를 받으며 점차 자신감을 잃어갔고, 조그마한 비판이나 지적에도 참지 못해 결국에는 사회에 적응하지 못하는 아이가 되었다.

잘못을 꾸짖지 않으면 아이는 갈피를 잡지 못한다

요즘 아이들은 욕구나 요구가 있을 때 그것이 가능하지 않을 수도 있다는 사실을 깨닫지 못하는 경우가 많다. 엄마, 아빠도 돈이 없거나 사정이 생겨 일을 해결하지 못하게 되는 '지극히 현실적'인 감각들을 전혀 익히지 못한 경우도 있다. 자식이 원하는 걸 해 줄 수 없을 때 무슨 큰 죄인이라도 된 양 미안해 하고 죄책감을 느끼는 부모들이 많은 것도 이 같은 문제를 낳는 원인이다.

이러한 문제를 안고 병원을 찾아오는 부모들이 부쩍 많아졌다. 지금까지 자신이 해 온 훈육 방식이 잘못되었다고 선언은 받았지만, 앞으로 어떻게 해야 할지 갈피를 잡지 못하기 때문이다. 설상가상으로 어떤 전문가들은 병원을 찾은 부모를 무슨 죄인 취급하듯이 몰아붙이기도 한다. 안 그래도 아이에게 미안하고 죄스러운 마음이 드는데 밑도 끝도 없이 몰아세우니 부모들은 어찌할 바를 모르고 헤매게 된다. 그래서 이후에는 아이에게 무조건 허용하고 아이를 만족시키는 일에만 몰두해서 아이가 성숙할 수 있는 기회를 놓쳐 버리게도 한다.

이미 아이 마음에 상처를 내고 이를 치료하기 위한 과정을 한차례 겪었던 터라 아이에게 미안함과 죄책감이 드는 것은 당연할 것이다. 이런 부모들은 대개 아이를 야단치면 상처를 덧나게 해서 분노를 갖게 될까 봐 "안 된다"는 말을 못하는 것 같다. 하지만 그렇다고 아이의 잘못을 그냥 넘기고 나무라지 않는 것은 분명 그릇된 행동이다.

내가 이러한 부모에게 하는 말이 있다. "아이가 분노하는 것은 자신이 억울하거나 부당하게 야단맞았다고 생각할 때이지, 명백한 잘못을 꾸짖는 것에 대해서는 분노를 느끼지 않습니다. 당연히 혼나야 하는 일을 그냥 넘기는 것이 오히려 아이를 불안하게 하고 갈피를 잡지 못하게 하는 겁니다.”

부모가 자신감을 잃고 아이의 잘못을 꾸짖지 못할 때, 아이들은 사회의 통상적인 관습이나 규범에 대한 혼란을 겪는다. 그래서 차츰 기본적인 규범도 헷갈려 하고 도덕적으로 미숙해서 남을 배려하지 못하는 아이가 되어가는 것이다.

기억해 두자! 약간의 부족함이 있어야 아이들의 자아는 '건강하게 성장하는 존재'라는 것을.

서툰사랑형 부모, 상처받는 아이

아이에게만은 자신과 같은 상처를 물려주고 싶지 않아서 다르게 키우려고 노력하는
엄마들이 많다. 하지만 주목해야 할 것은 정작 피하려고 했던 그 감정들이 그대로 대
물림 된다는 사실이다.

"사랑도 받아본 사람이 제대로 줄줄 안다"라는 말이 있다. 한 조사에
의하면 '화목한 가정에서 자란 아이들이 그렇지 못한 가정에서 자란 아
이들에 비해 대인 친화력과 사회 융화력이 높다' 는 연구결과가 나왔다.
부모와의 관계가 좋았던 사람은 대개 '부모와의 관계의 틀'을 가지고 다
른 인간관계를 이루어 나가기 때문에 당연한 결과라고 할 수 있다.

부모와의 관계가 일그러진 사람들은 다른 사람들과도 그 일그러진 틀
을 바탕으로 관계를 맺기 때문에 또다시 일그러진 관계를 낳고 만다. 이
러한 결과는 자식과 관계를 맺을 때 확연히 드러난다. 예를 들어 냉정한
부모 밑에서 자란 사람은 자신의 자녀에게도 친근하고 따뜻한 사랑을 주
지 못하고, 엄격하게 감정이 통제된 부모 밑에서 자란 사람은 자녀에 대
한 사랑을 겉으로 표현하는 것을 힘들어 한다.

내가 양육받은 그대로 나도 내 자녀를 양육한다

수아의 엄마도 그런 경우였다. 수아는 초등학교 6학년이었는데도 간단한 일도 스스로 해결하지 못했고, 매사 무기력하고 의욕이 없어서 병원을 찾기에 이르렀다. 수아 엄마의 말에 따르면 본인의 과거에 비해 거의 완벽한 교육환경을 만들어 주었는데도 공부는 안 하고 빈둥거리기만 해서 도저히 이해할 수가 없다고 했다.

수아 엄마는 엄마의 역할을 충분히 다 해왔다고 확신하고 있었다. 과목별로 과외도 시켰고, 비싸다는 영어학원도 아낌없이 보내 주었으며, 기죽이지 않으려고 장난감이나 옷은 최고급으로 해 주었다. 가난 때문에 학교에서 무시당하고 대접받지 못했던 자신의 과거를 내 아이가 다시 밟는 것이 싫었기 때문이었다.

수아의 엄마는 시골에서 가난한 집안의 맏딸로 태어났다. 아버지는 성격은 드셌지만 무능해 생활력이 강한 어머니가 집안을 이끌었다고 한다. 어린 나이에 아버지를 만난 어머니는 혼전에 수아의 엄마를 임신하는 바람에 어쩔 수 없이 원치 않는 결혼을 했었다. 당연히 수아의 엄마는 원치 않은 딸이 된 셈이었다. 이 때문에 수아의 할머니는 "니가 내 인생을 망쳤다"면서 수아 엄마를 원망하며 냉정하고 혹독하게 다루었다고 한다. 걸핏하면 화풀이 대상이 되어 맞기도 하고, 비난이나 욕지거리를 들으며 다른 형제들에 비해 의붓딸 같은 존재로 자라났다. 취직을 해도 자신보다는 동생들과 친정 식구를 먹여 살리는 일에 신경을 써야 했다. 이러한 가난과 설움이 한이 되어 자식만큼은 잘 키우고 싶었다고 했다.

그래서 엄마는 아이가 원하는 걸 다 들어주었는데, 막상 아이는 엄마의 사랑을 제대로 받지 못했다고 느끼고 있었다. 무엇이 이런 생각의 차이를 가져왔을까?

수아의 엄마는 자신의 어머니와는 반대로 물질적인 도움을 아이에게 충분히 베풀었지만 정말 중요한 '감정의 교류'는 할 줄 몰랐다. 그간 엄마 자신의 감정을 무시당하며 살아왔기 때문에 어린 아이를 살갑게 안아 주거나 눈을 맞추고 대화하는 방법을 알 길이 없었다. 아이의 아픈 곳을 어떻게 긁어줘야 하며, 아이를 이해하고 보듬어 주는 따뜻한 말도 어떻게 해야 하는지 모르고 있었다. 그저 늘 아이가 걱정스럽고 불안하기만 했다.

딸아이의 조그만 일에도 노심초사하고, 사소한 잘못에도 과하게 야단치며 감정이 폭발했다. 그런 면에서는 자신도 모르게 친정어머니의 전철을 되밟고 있었던 것이다. 다만, 자신의 눈에 보이지 않기 때문에 깨닫지 못하고 있었을 뿐이었다.

아이에게만은 상처를 물려주고 싶지 않다면

우리는 주변에서 수아 엄마와 같은 경우를 자주 보게 된다. 그만큼 대다수 부모들이 이러한 오류를 흔하게 겪고 있다는 것이다. 아이에게만은 자신과 같은 상처를 물려주고 싶지 않아서 다르게 키우려고 노력한다지만, 정작 중요한 감정의 양식은 예전 자신이 느꼈던 불만과 유사하게 대물림되고 있는 것이다.

우리 부모들은 자신이 아이에게 어떤 유형의 부모인지 냉정히 파악해 볼 필요가 있다. 엄마 스스로 자신을 돌아볼 준비가 되어 있을 때, 비로소 아이의 행복이 한층 가까워질 것이다.

'좋은 엄마 콤플렉스'에서 벗어나자

좋은 엄마 콤플렉스에 시달리는 엄마들은 자신을 너무 비하한다. 자신이 꿈꿔온 이상적인 엄마가 되지 못했다는 것을 각인시켜 자책하며 상처를 만들어 낸다.

앞서 살펴봤던 다양한 형태의 부모형도 실은 모두 '좋은 부모'가 되기 위해 부단히 노력한 부모들이었다. 다만, 자신의 과거나 현재의 욕구불만을 자녀에게 투영하여 교육시켰다는 점에서 문제가 된 것뿐이다. 자신의 정서적 결핍을 자녀에게까지 물려주고 싶어 하는 부모는 없다. 그렇지만 부모의 욕구로 변질된 '과잉 사랑과 관심'이 우리 아이를 체하게 한다는 것을 잊어서는 안 된다.

신화는 없다

어떤 면에서 우리 모두는 '좋은 엄마 콤플렉스'를 안고 살아가고 있다. 아이에게 지혜롭고 현명한 엄마가 되고 싶은 이상은 있으나, 생각한 대로 실천하려면 금세 현실적인 벽에 부딪히기 마련이다. 그리하여 이상과 현실의 괴리감에 빠져 고민하는 것이 어머니들의 자화상인 듯싶다.

엄마들은 아기가 태어나기 전부터 '난, 좋은 엄마가 될 거야!'라는 막연한 결심을 가지고 있다. 그래서 '고운 말을 쓰고 좋은 책을 많이 읽어 줘야지'라는 조금은 구체적인 태교나 태담을 통해서 아이를 맞기 위해 설레며 준비를 한다.

아이를 낳은 후에는 육아잡지나 서적을 뒤적여 교육 지침을 세워 놓는다. 주로 영재나 명문대에 합격한 수재들의 엄마들이 쓴 교육 지침서를 그대로 따라하려 하는데 뜻대로 되지 않는 경우가 다반사이다. 그러다가 자신의 교육 방법이 제대로 되지 않으면 '내가 뭔가 잘못하고 있는 것은 아닐까?', '엄마인 내가 잘못해서 우리아이가 공부를 못하는 건 아닐까?'라는 죄책감을 느끼게 된다.

이러한 죄책감은 엄마의 갈등을 증폭시켜 판단력을 흐리게 하고 기존의 원칙과 일관성을 흐트러 놓고 만다. 때문에 엄마 자신도 혼돈에 빠져 '아이에게 뭘 더 해 주어야 하는지?'에 대해 끊임없이 자신을 채찍질하게 된다. 결국 엄마는 자신에게조차 뒷전으로 밀려나서 방치되어 버린다. 그렇기 때문에 우리는 '좋은 엄마 콤플렉스'에서 벗어나려고 노력해야 하는 것이다.

좋은 엄마 콤플렉스에서 벗어나는 4가지 방법

우선, 자기 자신을 사랑해야 한다. 되도록이면 자신만을 위한 시간을 갖도록 노력하자. 하루에 몇 시간만이라도 아이와 가족 걱정에서 벗어나 책을 읽거나 취미생활을 해 보는 것도 콤플렉스를 떨치는 데 상당 부분 도움이 된다. 더불어 이러한 활동을 통해 자신의 가치를 재확인할 수 있는 기회도 얻을 수 있다.

두 번째, 열등감을 벗어 버리자. 좋은 엄마 콤플렉스에 시달리는 엄마들은 대개 자신을 너무 비하하는 경향이 있다. 자신이 꿈꿔온 이상적인 엄마가 되지 못했다는 것을 각인시켜 자책하며 상처를 만들어 낸다. 자녀를 키우면서 느끼는 현실적인 어려움은 다른 엄마도 마찬가지이니 너무 염려하지 말자. 이상과 현실의 차이를 받아들이는 성숙도가 훌륭한 엄마로 전진해 나가는 방법이다. 그러니 이제는 마음의 짐을 속 시원히 내려놓자.

세 번째, 아이에게 모범이 되어야 한다는 강박관념은 버리자. 무엇보다 중요한 것은 아이와 공감대를 형성하는 것이지 완벽한 역할모델이 되는 것이 아니다. 엄마도 인간이고 실수할 수 있다는 것도 아이에게 자연스럽게 보여주자. 그래야 아이의 실수에도 너그러워질 수 있는 심리적 여유가 생기는 것이다. 완벽한 부모가 되려고 지나치게 신경쓰기보다 아이에게 마음으로 다가가려는 노력을 시도해 보자.

네 번째, 정말 좋은 엄마가 되기 위해서는 자신의 과거로부터 자유로워져야 한다. 내가 자라면서 부모나 형제자매, 친구들에게 받은 영향과 상처들을 깊이 생각해 보고, 지금의 나와 연결고리를 찾아보도록 하자. 그리고 자신에게 상처 준 사람이 있다면 '용서' 해 보자. 그러면 남편과 아이, 그 밖의 인간관계 속에서 어려워 했던 '마음의 짐' 이 자신의 과거에 얼마만큼 영향을 받고 있는지를 깨닫게 될 것이다.

위와 같은 네 가지 방법을 통해 우리는 '좋은 엄마 콤플렉스' 를 극복할 수 있다. 이러한 일이 하루아침에 이루어지는 것은 아니다. 자신에 대한 오랜 성찰과 자각의 시간을 거쳐야만 비로소 가능한 일이기 때문이다.

대한민국의 엄마들이여, 자신의 시간을 챙기자! 그리고 지금 이 순간부터 자신을 돌아볼 준비를 하자!

사랑을 주는 것도 '방법'이 있다

남 부럽지 않게 사랑을 주는데 아이가 왜 엉뚱한 행동을 하고 문제를 만드는지 모르겠다며 하소연하는 부모들이 많아졌다. 이는 부모의 사랑이 넘치거나 부족해서가 아니라 표현하는 방식이 잘못되었기 때문이다.

"선생님, 우리 애가 거짓말을 밥 먹듯이 해요. 충분히 관심을 가져 주는데 왜 그런지 잘 모르겠어요. 어떻게 고쳐야 하나요?"

나를 찾아온 한 어머니가 절실하게 하소연을 하였다. 아들 민우가 이유 없이 습관적으로 거짓말을 한다는 것이다.

초등학교 2학년인 민우는 평소 "반장이 되었어요", "일등을 했어요"라는 식의 거짓말을 천연덕스럽게 해서 가족을 당황하게 하는 일이 많았다. 실제 민우를 상담치료하는 과정에서도 표정이나 말투의 변화 없이 "외국인 학교로 전학을 가게 되었다"고 거짓말을 해서 나도 속을 뻔한 적도 있었다.

나와 놀이를 할 때에 민우는 '1등을 하는 아이', '100평짜리 집에 사는 아이'를 주제로 이야기를 꾸몄고, 주인공이 모두 자기라고 주장했다. 조금이라도 믿어 주는 기색이 없으면 화를 내어 자신의 주장을 정당화시켰다. 그런데 민우의 이런 거짓말은 다 이유가 있었다.

"내가 원하는 것을 알아주세요."

처음 민우가 병원을 방문했을 때가 생각난다. 외동아들이라 가족의 사랑을 독차지하고, 경제적으로도 풍족한 생활을 했던 민우는 밝기보다 오히려 무척 우울해 보였다. 그리고 거짓말이 심해져 엄마의 걱정도 배로 늘어나 있었다. 엄마는 남부럽지 않게 다 해 주었는데 자신의 생각과 달리 변하는 아이를 보고 무척이나 억울해 하는 것 같았다. 하지만 말 그대로 그건 엄마의 생각일 뿐이었다.

손꼽히는 대기업에 다니는 민우 엄마는 퇴근 후 학원과 대학원을 다닐 정도로 열정적인 분이었다. 자연히 밤 9시 이전에 집에 들어오는 일이 극히 드물었으며, 민우를 돌볼 시간도 상대적으로 적어지게 된 것이다. 그 미안함 때문에 엄마는 되도록 주말을 민우와 함께 보내려고 노력했다. 내성적인 민우를 위해 같이 서예와 댄스교실을 다니면서 즐거운 시간을 보냈다는 것이 엄마의 설명이었다. 사실, 엄마의 얘기만 듣고 보면 누가 봐도 민우의 엄마는 아이를 위해서 노력하는 극진한 부모였다.

그러나 엄마의 생각과 달리 민우는 전혀 즐거워하지 않았다. 이유는 간단했다. 엄마와 함께 있는 동안에도 늘 뭔가를 배워야 한다는 것이 민우에게는 큰 부담감으로 작용했던 것이다. 엄마의 노력은 결과적으로 아이를 공허와 불안 상태로 만들어 놓았다. 엄마와 시간을 함께 보낸다는 생각보다 무엇을 해야 한다는 강박관념이 더 크게 자리 잡았기 때문이었다.

엄마는 민우가 원하는 것을 주었다고 생각하지만 정작 민우가 받은 것은 아이에게 필요하다고 '엄마'가 느꼈던 것이었을 뿐, 민우가 진정으로 원하던 것은 아니었다. 그래서 민우는 부모에게 아무것도 받은 것이 없는 '정서적으로는 방치된 아이'의 특징을 보이게 되었다.

아이들은 흥미가 없는 일은 강제적인 노동으로 여긴다

남 부럽지 않게 사랑을 주는데 아이가 왜 엉뚱한 행동을 하고 문제를 만드는지 모르겠다며 하소연하는 부모들이 많아졌다. 이는 부모의 사랑이 넘치거나 부족해서가 아니라 표현하는 방식이 잘못되었기 때문이다.

민우 엄마는 나름대로 아이와 함께 시간을 보내면서 여러모로 교육적인 측면도 고려한 노력이 엿보였다. 하지만 아이가 원하는 것을 제대로 파악하지 못하고 엄마가 원하는 곳으로 유도했기 때문에 민우는 그것에 대해 전혀 흥미를 느끼지 못했던 것이다. 아이들은 자신이 흥미와 재미를 느끼지 못하는 일은 강제적인 노동으로 받아들인다. 민우 역시 그러했던 것이다.

민우는 상상력이 풍부하고 표현력이 뛰어났지만 이런 성향을 알아주는 사람은 아무도 없었다. 그게 가장 큰 문제였다. 그렇기 때문에 민우는 현실적으로 아무것도 얻은 것이 없다고 느끼고 거짓말을 통해 엄마의 사랑을 간절히 요구하게 되었던 것이다. 성취 지향적인 민우 엄마는 말로 표현하지만 않았을 뿐 은연중에 "엄마의 기대를 충족시켜야만 사랑을 받을 수 있다"는 주문을 매일 민우에게 걸었던 셈이다. 그래서 민우는 엄마의 기대라고 믿는 '반장'과 '1등'이라는 거짓말을 만들어 냈던 것이다.

엄마가 진작 민우를 이해하기 위해 대화를 시도하고, 아이가 원하는 놀이 시간을 가졌다면 민우의 모습은 어떻게 달라졌을까? 과연 지금처럼 민우는 거짓말 속에 사는 아이가 되어 있었을까?

아이와 함께 시간을 보낸다고 다 해결되는 것은 아니다

아이에게는 세상의 첫 선생님이 바로 '엄마'이다. 모든 엄마들이 그 점을 잘 알기에 육아에 공을 들인다. 그렇다고 해서 엄마들이 다재다능한 아이를 바라는 것은 결코 아니다. 단지 부모된 입장에서 우리 아이가 사랑을 알고, 베풀 줄 아는 따뜻한 사람이 되기만을 간절히 원할 뿐이다.

그래서 엄마의 사랑은 절대적이다. 엄마와 함께 호흡하고, 시간을 보내면서 느껴지는 엄마의 애정은 아이에게 고스란히 전달되며, 이를 통해 아이는 '자신이 이 세상 누구보다 소중한 사람'이라는 자존감을 갖게 되기 때문이다.

엄마와 자녀 사이의 교감을 이루려면 가장 염두에 두어야 할 것이 바로 아이의 '시선'이다. 엄마들이 자주 범하는 과오가 아이와 함께 있는 시간에만 초점을 둔다는 것이다. 정작 중요한 것은 '아이가 무엇을 원하느냐'인데도 말이다.

2장

아이의 재능은
엄마의 욕심으로
꽃피는 것이 아니다

엄마가 지닌 욕심의 무게는 얼마일까?

부모의 과한 욕심은 아이의 성장에 마이너스다. 엄마가 조급해하고 다그치면 아이도 덩달아 초조해하고 부담감을 느끼기 시작한다. 이러한 마음상태라면 잘할 수 있는 일도 제 능력껏 펼치기 어렵다.

이제 아장아장 걸음마를 뗀 아이에게 뛸 것을 재촉한다면 어떻게 될까? 최선을 다해 걸음마를 뗀 아이가 달리기를 목표로 삼고 있는 엄마의 기대를 만족시키기란 현실적으로 어려운 일이다. 이렇게 터무니없이 높은 목표를 세워둔 부모는 언제나 자녀 키우는 보람을 느끼지 못한다.

사실, 엄마들이 자녀에게 기대 이상의 것을 요구하는 심정을 이해하지 못하는 것도 아니다. 나도 가끔 TV에 나오는 아이들을 보면 '내 아이도 영어, 암산, 운동 등 다방면에 뛰어났으면 좋겠다' 라는 바람을 가질 때가 있으니까 말이다. 그러나 바람은 바람으로 그쳐야 한다는 것 또한 알고 있다. 그 모든 것을 충족시키는 다재다능한 아이를 갖기란 결코 쉽지 않다는 것을 잘 알기 때문이다.

부모의 과한 욕심은 자녀를 불안하게 만든다

부모의 과한 욕심은 아이의 성장에 마이너스로 작용한다. 엄마가 조급해 하고 다그치면 아이도 덩달아 초조해 하고 부담감을 느끼기 시작한다. 이러한 마음상태라면 잘할 수 있는 일도 제 능력껏 펼치지 못하게 된다. 이는 비단 아이뿐만 아니라 어른도 마찬가지이다. 직장 상사나 시어머니가 어떤 일을 몇 시까지 반드시 마치라고 재촉한다고 생각해 보자. 마음은 급한데 일은 손에 잡히지 않고 연신 시계만 쳐다보게 될 것이다. 하물며 어린 아이들은 어떻겠는가….

이러한 아이의 불안을 없애기 위해서는 엄마의 욕심을 덜어낼 필요가 있다. 그렇다면 어떻게 해야 엄마 스스로 욕심을 줄일 수 있을까?

엄마의 욕심을 줄이는 방법

일단, 아이를 긍정적으로 바라볼 수 있는 시선을 길러야 한다. 비판적인 엄마들의 눈에는 아이의 단점만 보인다. 그렇기 때문에 아이가 무엇을 하든 한없이 부족해 보이는 것이 당연하다. 이러한 부정적인 시각을 탈피해서 아이의 장점을 발견하고 그 부분을 칭찬해 준다면 아이는 분명 다른 분야도 잘하려는 노력을 아끼지 않을 것이다.

아이에게 목표치를 낮게 주는 것도 중요하다. 아이가 조금만 노력하면 달성할 수 있는 정도가 딱 적당하다. 아이의 능력보다 몇 배로 높은 곳에 목표를 세워 두면 아이는 지레 겁을 먹고 "난 못해!"라고 노력도 해 보지 않은 채 금세 체념해 버린다. 하지만 조금만 노력하면 될 것 같은 실현 가능성의 목표를 세워 주면 아이의 의욕을 고취시켜 줄 수 있다.

무엇보다 연신 강조해도 지나치지 않는 것이 아이의 입장을 고려해야 한다는 것! "아직은 우리 아이에게 이것은 무리인 것 같아", "만일 내가 아이라면 이 일을 해낼 수 있을까?" 이러한 질문을 던지고 아이의 입장을 먼저 생각해 보도록 하자.

사실 의도치 않은 엄마의 욕심은 아이를 바로 보지 못한 데서 온다. 아이들의 성장 속도는 제각기 다르다. 따라서 아이의 성장 속도에 맞춰서 교육 수준을 달리해야 하는 것은 당연한 사실이다. 부모들은 내 아이를 다른 아이와 비교하는 어리석은 일을 멈추자. 지금 내 아이의 성장 수준이 어느 정도인지를 파악하는 것이 우선이다.

'아이'가 아니라 '인간'이다

모든 선택권을 부모에게 미루고 살아온 아이들은 선택에 대한 책임을 지고 싶어 하지
않을 것이 뻔하다. 게다가 언제까지나 부모에게 의존하여 살아가려고 하는 나약한 인
간이 되기 쉽다.

"꽃양배추에 사는 벌레는 꽃양배추를 자기 세상 전부로 생각한다"는
말이 있다. 이는 '우물 안 개구리'와 일맥상통하는 말인데, 넓은 세상을
경험하지 못하고 현실에만 안주해 버리면 발전할 수 없다는 뜻을 내포하
고 있다.

부모, 자식 관계도 마찬가지이다. 아이에게 부모는 커다란 존재이기는
하지만 세상 전부가 되어서는 안 된다. 부모가 아이를 세상 밖으로 이끌
기 위해서는 과감하게 울타리를 걷어 주는 수고를 자처해야 한다.

유아기 때의 자신감이 성인까지 간다

자립은 누군가에게 의지하지 않고 자기 스스로 일어서려는 마음이다.
내 자녀를 자립된 아이로 키우기 원한다면 부모가 자녀 스스로 뭔가를

할 수 있도록 격려해 주어야 한다. 뿐만 아니라 할 수 있다는 믿음과 용기를 확고히 심어 주는 것도 중요하다. 그리하여 아이는 스스로 할 수 있다는 자신감이 생기고, 혼자 해 보려는 노력을 기울이게 되는 것이다. 이 과정을 통해 아이는 만족감과 성취욕을 함께 느낄 수 있다.

유아기 때 형성된 자신감은 쉽게 꺾이지 않는다. 그리하여 성인이 될 때까지 무엇이든 할 수 있다는 용기와 자신감으로 매사 적극적이고 활발한 아이로 자라게 된다. 세 살 정도가 되면 아이는 스스로 무엇인가를 하려는 의지를 보인다. 혼자서 걸으려 하고, 혼자 밥을 먹기 위해 노력을 한다. 이런 아이들의 행동을 부모가 기다리지 못하고 성급하게 도와주려고 한다면 오히려 자녀의 자립성을 떨어뜨리는 결과를 초래할 수 있다.

아이를 독립된 개체로 보라

엄마들은 흔히 아이가 자신에게서 떨어지지 못한다고 걱정을 하지만 알고 보면 이는 엄마들의 양면성을 드러내고 있다. 엄마들은 모든 것을 챙겨줘야 하는 귀찮은 육아의 짐을 벗어버리고 싶어하기도 하지만, 반면에 아이를 독립시키고 싶지 않은 무의식적인 욕구도 가지고 있다. 뱃속에서부터 생후 1~2년을 거의 아이에게만 매달려 온 엄마인지라 아이를 하나의 독립된 개체로 보지 못하는 것은 어찌 보면 당연한 일인지도 모르겠다.

아이가 엄마로부터 떨어지는 것도 숙제이지만, 엄마가 아이를 진정으로 떼어 놓고 독립시키는 일도 만만한 일은 아니다. 특히 엄마 자신이 자신의 부모로부터 정신적으로 완전히 독립하지 못했을 때는 더욱 그러하다. 때문에 정신을 바짝 차리고 아이가 커가고 있음을 객관적으로 바라볼 수 있어야 한다. 엄마의 눈에는 아이가 마냥 자라지 않는 피터팬으로 보일 수 있기 때문이다.

아이가 성장해가는 육체적·정신적 속도를 객관적으로 볼 줄 알아야만 아이의 적절한 독립의 시기를 파악할 수 있다. 그렇게 되면 엄마 쪽에서 독립할 준비가 다 된 아이를 놓아주지 못해 노심초사하는 일은 없어질 것이다.

유치원이나 학교에 보낸 아이가 잘 하고 있는지 온종일 걱정해 본 적이 있지는 않은가? 걱정과는 달리 의외로 태연하게 집으로 돌아오는 아이를 보면 '괜한 걱정을 사서 했구나' 싶기도 하다. 부모의 기우는 위인이라 불리는 민족 지도자들도 마찬가지로 겪는 일상적인 일인 듯하다.

자식을 소유물처럼 여겼던 간디

인도의 민족 운동가이자 사상가인 간디Mohandas Karamchand Gandhi도 자식을 키우는 데 상당한 어려움을 겪었다고 한다. 평생을 인도 국민의 지위와 인권 보호에 앞장섰던 간디는 아이러니하게도 큰아들인 할리랄을 자신의 소유물처럼 생각했다고 한다.

"이것은 해도 좋다."

"저것은 하지 마라."

이런 식으로 아들 생활에 일일이 간섭하기 일쑤였고, 그 결과 할리랄은 아버지에 대한 반발심으로 성인이 되어서도 간디의 뜻에 어긋나는 행동만 골라서 했다. 술과 여자에 빠져 허송세월을 하였고, 결혼도 아버지의 허락 없이 했으며 아버지의 절친한 친구를 속이기도 했다. 심지어 힌두교를 버리고 이슬람으로 개종까지 하였다.

아들 할리랄의 이 같은 행동들은 자신을 한 인간으로 보지 않고 소유물처럼 대하는 아버지의 통제로부터 벗어나기 위한 몸부림이었다. 하지만 간다는 아들의 마음을 이해해 보려 하지 않고 자신의 뜻에 따르지 않는 아들의 행동을 질책만 하였다. 게다가 이슬람교에 자신의 아들과 같은 망나니를 신자로 받아들여서는 안 된다고 호소하기까지 했다고 전해진다.

아이를 객관적으로 바라보라

한 시대의 위인이라도 자식을 객관적으로 바라보기란 상당히 힘든 일이다. 남들에게는 "아이를 자율적으로 키워라!", "스스로 판단하도록 내버려 두어라!"라고 쉽게 충고하지만 막상 자기 아이에게는 그렇지 못하는 게 일반적이다.

가령 다른 집 아이가 실수를 하면 무안해 하지 않도록 "괜찮아. 실수할 수도 있지"라고 맘 좋게 말하면서, 자신의 아이가 실수를 하면 "넌 왜 그렇게 덤벙대니? 얌전히 좀 있어!"라고 핀잔을 주기도 한다. 이는 내 아이를 부모에게서 동떨어진 하나의 인격체로 바라보지 않고 '나의 일부'로 여기고 있기 때문이다. 그래서 완벽하기를 바랄 뿐만 아니라 아이가 핀잔을 받고 느낄 수 있는 수치심이나 창피함을 전혀 고려치 않게 되는 것이다.

아이를 꾸중할 때에는 세심한 주의가 필요하다. 아이는 꾸중을 듣고 있는 도중에도 자신이 존중받고 있다는 걸 느껴야 한다. 불쾌감이나 수치심을 심어 주는 말로 꾸짖게 되면 잘못을 뉘우치기는커녕 부모에 대한 원망과 미움만 키워가기 때문이다. 아이에게 꾸중을 하는 이유를 명확하게 설명해서 자신의 잘못을 깨닫게 해야 하는 이유가 바로 여기에 있다.

자녀의 생각과 의견에 귀를 기울여 보자. 아이는 어른과 달리 순간순간 자신의 생각을 정확하게 전달하려고 한다. 이런 아이들의 말을 귀담아 들으면 아이가 갖는 생각, 기분을 알 수 있어서 위와 같은 문제를 자연스럽게 해결할 수 있다.

당신은 헬리콥터 부모는 아닌가?

'내 아이를 가장 잘 아는 것은 엄마인 나'라는 착각에 빠져 있지는 않은지 곰곰이 생각해 보자. 이러한 착각에 빠져 아이의 의견이나 생각은 묻지도 않고 자기 멋대로 결정을 내려 문제를 만드는 경우가 많다. '내 아이에게는 이런 학원이 더 잘 맞겠지', '내 아이는 좀 조용하고 차분한 친구가 잘 맞아', '내 아이는 교수나 의사 같은 전문직에 어울리겠는걸' … 이런 식으로 아이의 생각을 섣부르게 재단하고 있지는 않은가.

아이가 시행착오를 겪지 않게 최적의 환경을 미리 만들어 주는 것이 무척 안전한 길로 보일지는 모르지만, 사실 이것은 아이의 열정과 동기를 꺾어 버리는 아주 위험천만한 선택일 수 있다.

대학생이 된 아이의 수강신청을 대신 해 주고, 학교 엠티나 오리엔테이션에도 함께 참석하는 부모가 있다는 얘기를 들었다. 심지어 취직한 아들의 연봉협상도 대신 해 주는 부모도 있다는데, 이러한 부모를 '헬리콥터 부모'라고 한다. 헬리콥터처럼 늘 옆에서 아이를 조종하는 부모란 뜻으로 붙여진 신조어이다. 기가 막힐 노릇이다.

모든 선택권을 부모에게 미루고 살아온 아이들은 선택에 대한 책임을 지고 싶어 하지 않을 것이 뻔하다. 게다가 언제까지나 부모에게 의존하여 살아가려고 하는 나약한 인간이 되기 쉽다. 요즈음 늘어나고 있는 이른바 '캥거루족'도 '헬리콥터 부모'가 만든 부산물이 아닌가 싶다. 물론 국가적인 경제위기로 일자리가 줄어든 것도 원인이겠지만 자식을 제때 독립시키지 못한 수용형 부모도 단단히 한몫을 하고 있음을 부인할 수는 없다.

　내 아이가 '캥거루 족'이 되는지 '자주적인 인간'이 되는지는 전적으로 부모의 태도에 달려있다는 것을 명심하도록 하자.

당신의 자녀에게서 한 발자국 떨어져라

'넘어지지 않을까?', '실수하지 않을까?', '상처입지 않을까?' 하는 마음으로 잡고 있는 아이 손을 놓지 않으면 아이는 혼자 일어서는 법을 잊어버릴 것이다. 한 발자국 떨어져서 아이를 지켜보라. 슬기로운 아이의 행동에 깜짝 놀라게 될 것이다.

지나친 관심은 아이의 열정을 식힌다

얼마 전 '혜영'이라는 여자 아이를 만났다. 혜영이는 고등학교 2학년이었는데 중학교 1학년부터 갑자기 반항이 심해져서 가족과는 말도 안 하고, 걸핏하면 짜증만 낸다고 한다. 그러고는 자기 방에 틀어박혀 나오질 않았다. 공부도 하지 않고 나쁜 친구들과 어울려 다니며 귀가가 늦어지는 일 때문에 부모님과 언성을 높이며 다투는 일이 다반사였다. 혜영이는 집안의 '문제아'로 낙인이 찍혀 '미운 오리' 취급을 받고 있었다.

그도 그럴 것이 어려서부터 혜영이는 식구들과는 여러 가지 면에서 달랐다. 엄마는 모범생으로 반듯한 성격에 고등학교 선생님을 했던 분이고, 아빠는 명문대를 졸업해 대기업의 임원으로 재직중이었다. 부모님 두 분 모두 아주 보수적이었는데, 특히 엄마는 아이들이 모든 면에서 실수 없이 완벽하게 자랐으면 하는 욕심을 비췄고, 아주 사소한 일도 엄마의 결정에 따르도록 하였다. 아이들이 뜻대로 따라주지 않는 경우에는 호되게 야단을 쳤다고 한다.

혜영이의 엄마는 "엄마는 경험이 많으니 엄마만 따르면 된다"라고 주입하면서 아주 치밀하게 아이들을 통제하고 있었다. 네 살 위의 언니는 언제나 부모님의 기대에 부응하는 착한 딸 노릇을 착실히 했던 모양이다. 공부도 잘하고 부모님 말씀에 순종적이어서 별다른 큰 소리를 들은 적이 없었지만 혜영이는 그런 언니와는 달랐다. 친구를 너무 좋아해서 밖에서 친구들과 어울려 노는 것을 좋아했고 덜렁거리는 성격에 실수도 잦은 편이었다. 완벽주의적인 부모와 착실한 언니 틈바구니에서 혜영이란 존재는 예상치 못한 '외계인'의 출현이었다.

그래도 초등학교 때까지는 엄마, 아빠의 인정을 받아보려고 혜영이도 열심히 공부하였다고 한다. 하지만 사춘기가 되면서 자신에 대한 모든 결정을 마음대로 하려는 엄마 때문에 서서히 불만이 생겨나기 시작했다. 그래서 반항을 하기 시작한 것이다.

면담해 보니 말 잘 듣고 모범생으로 자란 언니 또한 엄마에 대한 불만을 쌓아두고 있었다. 어려서부터 옷 하나 입는 것과 책 고르는 것 등의 자질구레한 일도 모두 엄마가 결정해 왔기 때문에 으레 그럴 것이라고 여겨왔다고 한다. 늘 1등만 하기를 강요하는 엄마 때문에 매번 그 기대에 부응하기가 무척 힘겨웠다고 고백하기도 했다. 하지만 엄마가 너무 강하고 완벽해 보여서 명령을 거스를 수가 없었다고 한다.

이런 언니에게 또 하나의 짐으로 다가온 것은 '맏이'라는 것이었다. 첫째이기 때문에 동생보다도 더 심하게 통제를 받았음에도 불구하고 반항할 엄두를 내지 못했던 것이다. 그래서 언니는 엄마가 원하는 의과대학에 들어가기 위해 삼수까지 했지만 성적이 점점 떨어지는 바람에 결국에는 포기하고 형편 없는 대학에 들어가 부모님을 실망시켰다고 하였다.

혜영이가 문제라고 데려왔지만 정작 심각한 문제는 바로 언니가 껴안고 있었다. 혜영이는 그나마 부모의 통제에서 벗어나려고 반항하면서 '자율 의지'를 표현했지만, 모범생인 언니는 그런 시도조차 해 보지 못하고 스무 살을 훌쩍 넘겨 버리고 말았다.

혜영이 부모님은 상담을 통해서 혜영이의 반항이 '자기를 찾기 위한 노력'이라는 것을 이해하기 시작했고 더불어 혜영이 언니가 그토록 공부를 잘하다가 정작 중요한 대입에서는 번번이 실패했던 원인도 깨달을 수 있었다. 혜영이 언니는 부모의 뜻에 따라 열심히 공부해서 의대를 가려고 했지만 정작 공부를 열심히 해야 할 고3이 되어서는 공부를 왜 해야 하는지 갈피를 잡을 수가 없었다고 한다. 부모의 눈치를 피해 독서실에 가 있기는 했으나 집중해서 공부하기는 힘들었다고 토로했다. 그렇기 때문에 삼수까지 하면서도 실패를 할 수밖에 없었던 것이다.

부모님도 큰딸이 부모가 정해준 안전한 길을 걸어왔지만 스스로의 동기나 열정이 없었기에 모래 위에 쌓은 성처럼 쉽게 무너졌다는 것을 인정하였다. 그래서 큰 아이가 겪은 시행착오를 혜영이도 겪게 하지 않으려고 딸아이 입장에서 충분히 생각해 보는 시간을 가졌다. 그렇게 시간이 지나자 반항하던 혜영이도 이제는 남자 친구를 엄마에게 소개시켜 줄 정도로 부모와의 관계가 호전되었으며 실내 디자이너가 되어 보겠다는 꿈을 키워나가고 있다.

재능은 열정을 이길 수 없다

연주 실력이 뛰어난 터키의 한 음악가는 제자를 받지 않는 것으로 유명했다. 고가의 레슨을 요청해도 번번이 거절을 했었는데, 그런 그가 어느 날 제자를 받아들였다. 사람들 사이에서는 얼마나 큰돈을 받았을까 추측이 난무하였다. 그러나 모두의 예상을 깨고 무료로 레슨을 해 주는 것이었다. 게다가 그 제자에게 자신이 아끼는 100년도 더 된 악기까지 사용하도록 허락했다. 우연히 그 사실을 들은 한국인 여행객이 그를 만나 이유를 물어봤다.

"그 학생의 재능이 그토록 뛰어났나요? 연주를 듣자마자 제자로 받아들이신 이유가 궁금합니다."

음악가가 대답했다.

"재능 때문만은 아닙니다. 나조차 긴장할 만한 재능을 가진 아이들은 무수히 봐 왔습니다. 그러나 그 아이들은 부모의 손에 억지로 끌려온 아이들이었지요. 하지만 이 학생은 내 연주를 듣고 여기저기 수소문 끝에 스스로 찾아온 아이였습니다. 나는 그 아이의 열정에 탐복하였습니다. 재능 있는 아이가 열정을 가진 아이를 이길 수 없습니다. 열정을 가진 아이만이 평생 음악을 연주하며 살 수 있지요."

스스로 판단할 수 있도록 하라

위 사례는 자녀의 재능보다는 열정이 더 중요하다는 사실을 상기시켜 준다. 열정적인 아이는 자신이 하는 일에 즐거움을 갖고 계속하기를 희망하는 아이이다. 스스로 애정을 갖는 일을 찾을 수 있다는 것은 아이의 미래를 결정하는 중요한 열쇠가 된다. 이러한 결정권을 쥐고 있는 부모가 있다면 서둘러 풀어낼 필요가 있다. 부모들은 양육과 양성의 미묘한 차이를 이해할 줄 알아야 한다.

아이는 양육의 대상이기는 하나 양성의 대상은 아니다. 보살피고 잘 자라게 함은 맞지만 가르치고 유능한 사람으로 만드는 것이 목적은 아니라는 것이다. 스스로 판단할 수 있게 하는 것과 판단에 따르게 하는 것의 차이로 생각하면 이해가 쉬울 것이다.

"내 도움 없이는 아무것도 할 수 없어."

"엄마가 당연히 아이를 도와줘야지!"

정말 그럴까? 혹시 아이가 엄마를 필요로 하는 것이 아니라 엄마 본인이 아이를 필요로 하는 것은 아닌지 모르겠다. 물을 주고 햇빛을 쬐어주면 쑥쑥 자라는 식물처럼 아이는 엄마가 적당한 사랑만 줘도 스스로 잘 자라난다.

지금 당신의 자녀에게서 한 발자국 떨어져라. '넘어지지 않을까?', '실수하지 않을까?', '상처입지 않을까?' 하는 마음으로 잡고 있는 아이 손을 놓지 않으면 아이는 혼자 일어서는 법을 잊어버릴 것이다. 한 발자국 떨어져서 아이를 지켜본다면 슬기로운 아이의 행동에 깜짝 놀라게 될 것이다.

맹모삼천지교에 열광하는 엄마들

교육에서 가장 중요한 것은 아이가 스스로 하고자 하는 마음이 생기도록 하는 것이다.
아이들은 자신이 흥미를 느끼면 누가 시키지 않아도 스스로 한다.

자녀 교육에 대한 우리나라 엄마들의 관심은 다른 나라에서도 혀를 내
두를 정도로 유명하다. 한국노동연구원의 조사에 따르면 7세 이하 미취
학 어린이들이 일주일에 30시간 정도를 사교육을 받는 데 할애하는 것으
로 나타났다. 사교육기관을 이용하는 횟수는 평균 6회, 1회 이용시간은
4~8시간, 월평균 사교육 비용은 16만 8천원으로 조사됐다.

사교육 1번지라 불리는 강남에는 2,000만 원을 호가하는 고액과외까
지 생겨 물의를 일으킨 바 있었다. 그뿐 아니라 심지어 농구, 줄넘기, 앞
구르기와 같은 체육 과외를 받는 학생들도 부지기수로 많다고 한다. 도
대체 사교육의 끝은 어디까지일까?

오죽하면 강남의 집값을 끌어 올리는 주범으로 교육문제를 꼽고 있겠
는가? 그렇다고 강남에 좋은 학교가 많냐? 사실, 그것도 아니다. 그 지역

의 아파트 값은 학원 수에 정비례한다는 말이 있다. 우리나라 부모들의 사교육 열풍을 짐작할 수 있는 대목이다. 부동산 값을 잡기 위해 국가 백년지대계인 교육정책을 먼저 뜯어 고쳐야 한다는 말까지 나오고 있는 실정이니, 참으로 웃지 못할 현실이다.

이런 현실이 부자들이 모여 산다는 강남에만 국한된 문제냐 하면 그렇지도 않다. 많으면 많은 대로, 가난하면 가난한 대로 사교육에 드는 절대 비용에 차이는 있지만 사교육에 쏟아 붓는 열정은 별반 다르지 않다.

아이가 진정으로 원하고 있는가?

'스펀지 같은 아이들'이란 말이 있다. 무엇이든 금방 흡수해 버린다 해서 흔히 쓰이는 말이다. 무엇을 보고, 듣고 자라는지에 따라 아이들은 전혀 다른 색채를 띨 수 있다. 이 말을 증명해 주는 가장 확실히 예가 '맹모삼천지교孟母三遷之敎'였다.

교육환경이 무엇보다 중요하다는 것을 의미하는 말이지만 우리나라에서는 극성 엄마들의 모토로 전락해 버렸다. 이러한 자녀 교육에 대한 우리의 비뚤어진 집착을 꼬집은 「맹부삼천지교」라는 영화가 나오기도 했다.

영화의 내용을 보면 오로지 자식만을 바라보고 사는 생선 장수 아버지는 아들의 상위권 대학을 목표로 갖은 고생을 다한다. 하지만 아들의 성적이 점점 떨어지자 무리해서 강남으로 이사를 간다는 게 사건의 시작이다. 그것도 전국 모의고사에서 1등을 했다는 아이의 집을 수소문해 그 옆집으로 이사를 가는데, 이런 아버지의 바람과는 달리 아들의 성적은 전혀 오르지 않았다.

알고 보니 아들은 상위권 대학에 입학하는 것보다 음악을 하고 싶어 했다. 아들은 아버지의 기대에 대한 압박감에 집중력과 의지력을 잃어 자연히 성적이 떨어지게 된 것이다. 환경 때문일 것이라는 아버지의 착각이 자식에게 더욱 큰 부담을 안겨주게 된 셈이다. 부모가 자녀의 소망을 염두에 두지 않은 채 공부를 강요하며, 얼마나 일방적인 사랑을 하고 있는지 잘 보여주고 있는 영화라 하겠다.

"그렇게까지 공부를 강요하지 않는다."

"단지 여러 경험을 시켜주는 것뿐인데, 그것이 뭐가 그리 나쁘냐?"

엄마들의 말이 맞을 수 있다. 단지 내가 이 이야기를 통해 전하고자 하는 것은 이것이다. "당신의 자녀가 진정으로 그것을 원하고 있는가?"라는 멈춤의 여운을 주기 위한 것이다.

흡수된다고 해서 모두 이해하고 받아들여지는 것은 아니다. 맹모삼천지교孟母三遷之敎. 맹자의 어머니는 맹자에게 무엇을 배울 것인지를 강요하지 않았다. 다만, 교육적 환경을 제공하고 교육받을 수 있도록 도와주었을 뿐이다.

아이를 교육시킴에 있어 가장 중요한 것은 아이가 스스로 하고자 하는 마음이 생기도록 하는 것이다. 아이들은 자신이 흥미를 느끼면 누가 시키지 않아도 스스로 한다.

이혼보다 치명적인 엄마 우울증

가족의 중심인 엄마의 감정은 곧바로 가족에게 전이된다. 따라서 엄마인 당신이 행복해야 가족 모두가 행복해지는 것이다.

부모간의 불화, 이혼, 상실, 물리적 환경의 변화 등 아이들의 정신 건강을 해치는 요인은 상당히 많다. 하지만 무엇보다 아이의 정신 건강을 해치는 흔하면서도 강력한 원인은 바로 엄마의 우울증이다. 엄마를 잃거나 부모가 이혼을 한 경우보다도 엄마가 우울할 때 아이들은 더 힘들어한다.

부모의 이혼이나 사망처럼 눈에 보이는 환경의 변화가 있을 때는 가족들이 아이의 충격을 염려해서 여러모로 신경을 쓰지만, 엄마의 우울증은 엄마만의 문제로만 보기 쉬워 아이들이 무방비로 노출된다. 우울증에 빠진 엄마 자신도 스스로 우울하다는 것을 알아차리지 못하는 경우도 많기 때문이다.

엄마가 우울하면 아이는 엄마가 곁에 있어도 '심리적 부재不在' 상태가 된다. 하루 종일 아이 옆에 함께 있기는 하지만 자기 문제에만 골몰하기 때문에 정서적으로 아이를 돌보아 줄 겨를이 없기 때문이다. 엄마 자신의 고민과 분노를 끊임없이 되풀이하여 생각하기 때문에 아이가 엄마에게 무엇을 원하는지, 아이의 감정 상태가 어떤지에 대해서는 관심을 기울이지 못하는 것이다. 이럴 때 아이가 말을 듣지 않거나 매달리고 칭얼거린다 싶으면 버럭 화를 내거나 신경질을 내어 아이를 놀라게 하기도 한다.

이런 일이 반복되면 아이는 스스로 일을 해결하기보다는 오히려 엄마의 관심을 받기 위해 더 많은 요구를 하게 되고 점점 독립하기 어려운 아이가 되어간다. 모든 인간의 감정에는 '전염성'이 있어서 엄마의 우울은 아이에게 전이되어 점점 닮은 모습을 하게 된다. 게다가 또 다른 문제점은 이런 엄마일수록 아이에 대한 집착이 강하다는 것이다. 감정 기복이 심해서 아이가 정작 엄마를 필요로 할 때는 반응을 해 주지 못하다가 혹여 '아이가 잘못되지 않을까?' 하는 극도의 불안상태로 바뀌면서 아이에게 집착을 하게 된다. 문제의 원인을 아이 탓으로 돌려서 '나는 아이로 인해 때로는 행복하고 때로는 불행하다'라고 느끼고 있는 것이다.

남편과 자식만 바라보는 해바라기형 엄마

"아이가 평범하거나 남다르지 않게 자란다면 제 인생이 너무 허무해질 거 같아요."

공부는 안하고 빈둥거려 엄마의 속을 뒤집어 놓는다는 중학생 연호 엄마의 말이다. 어려서부터 연호는 무엇이든 잘하는 아이였다. 말도 남들보다 빨리 했고, 눈치도 빠르고 이해력도 높아서 학교 공부도 꽤 잘하는 편에 속했다. 특히 주요 과목의 성적은 아주 좋았고, 암기과목이 다소 부진하긴 했지만 그리 나쁜 편은 아니었다. 그러다 보니 엄마도 연호에 대한 기대를 접을 수가 없었다. 조금만 더 노력해서 암기 과목만 잘하면 성적이 많이 오를 것 같은 생각에 그것을 중심으로 공부할 것을 아이에게 종용하였다고 한다. 그러나 엄마의 권유가 있을수록 연호는 공부를 열심히 하기는커녕 점점 반항심만 늘어가고 있다는 것이다.

처음 연호 엄마가 병원에 왔을 때 "아이가 자기 하고 싶은 일을 하며 건강하게 자라주면 그만이지… 더는 바랄 것도 없어요"라고 말했었다. 그런데 면담을 진행하면서 자신의 마음속에 '자신도 모르고 있었던' 아이에 대한 높은 기대심리를 서서히 드러내었다. 사실 대다수의 부모들은 연호 엄마가 그랬던 것처럼 자신의 마음속에 아이를 숨막히게 하는 욕심이 숨어 있다는 사실을 여간해서는 깨닫지 못한다.

연호 엄마는 결혼 이후부터 지금까지 남편과 자식만 바라보는 해바라기형 엄마였다. 그녀는 어릴 때부터 무의식적으로 "행복한 가정만큼 소중한 것은 없다"라는 소신을 가지고 살아왔었다. 그래서 가정을 가진 이후 가족과 거리를 두고 자신의 삶을 찾는다는 것은 매우 이기적인 일이라고 생각했다.

평범한 공무원 남편을 만나 남편과 자식들 뒷바라지를 하면서 삶의 의미를 찾고자 했다. 남편의 승진과 큰아들인 연호가 똑똑하게 자라주는 것이 엄마에게는 살아가는 이유이자 기쁨이었다. 자신을 위해서 시간과 돈을 할애하는 것은 낭비라고 생각했지만, 자식을 위해서라면 아까울 것이 없었다. 그렇게 희생하며 키운 아들이 엄마의 말에 반항하고 제멋대로 행동하기 시작하자 인생의 모든 걸 잃어버린 듯한 공허한 느낌이었다고 한다.

엄마는 인생의 허무함을 느끼면서 점점 우울해졌고, 아이가 당장이라도 잘못될 것 같은 불안감에 휩싸이게 되었다. 그리하여 아이에 대한 집착이 심해져서 아이가 조금만 반항하면 화를 내었고 부모 자식 간의 신경전은 날로 극심해지기 시작했다. 그래서 연호도 차츰 엄마의 감정을 닮아 작은 일에도 쉽게 짜증을 내고 과민하게 반응하였던 것이다.

연호 엄마처럼 '남편과 자식의 성공이 자신의 행복'이라고 생각하면서 살아온 엄마들은 아이가 사춘기를 맞아 엄마로부터 분리해 가려고 하거나 반항을 하기라도 하면 심한 상실감을 경험하게 된다. 그래서 평소 조금씩 가지고 있던 불만들이 이 사건을 계기로 증폭되면서 심각한 우울 현상으로 발전하는 것이다.

엄마 우울증 대비법

이러한 '엄마 우울증'을 철저히 경계하기 위해서는 미리 준비해 두어야 할 것들이 있다. 엄마 우울증을 대비하는 첫번째 자세는 엄마 자신을 위한 투자를 아끼지 말아야 한다는 것이다. 이는 엄마 자신에게도 절실히 필요하지만 아이의 성장을 위해서도 반드시 필요하다.

아이들은 8세가 넘으면 나름대로 자기만의 세계를 만들어 낸다. 이는 이제 아이가 가족들과 모든 것을 함께 나누어야 할 시기를 넘어 독립적인 생활을 영위해 가려는 의지를 갖추는 때가 되었다는 뜻이다. 아이가 청소년기에 접어들었다면 더욱 자신만의 공간을 인정해 주어야 한다. 그것이 일반적인 성장의 흐름인 셈이다.

그렇기 때문에 엄마, 아빠도 순리에 순응하여야 하며, 더불어 본인 각자의 세계를 만들어 가야 하는 것이다. 아이의 공간을 인정하는 것처럼 엄마 자신을 위해서도 '자기만의 시간과 공간'을 인정해야 한다. 본인의 '취미와 즐거움'을 찾아내서 새로운 형태의 '삶의 의미'를 가져야 한다.

아이들이 자라면서 부모의 역할과 가족 간 상호관계는 유기체처럼 변화를 거듭해야 한다. 아이들은 자라고 있는데, 부모는 어릴 적 아이에게 했던 역할에 고착되어서 그것만을 고집한다면 어떻게 될까? 자식은 부모를 부담스럽게 여기게 되고, 부모 자식 간의 관계가 소원해질 수밖에 없다.

서로 간에 숨 쉴 수 있는 공간과 거리를 두자. 당신이 자식에게 지나치게 밀착된 공간에 있으면 아이는 질식의 고통 속에 울부짖게 될 것이다. 자녀가 어느 정도 성장하여 자기만의 시간을 원하는 것 같다면 부모도 '당신 자신의 행복'을 찾아 투자를 아끼지 말자. 그것이 내 자녀를 행복하게 하는 지름길이다.

가족의 주체인 엄마의 감정은 곧바로 가족에게 전이된다. 따라서 엄마인 당신이 행복해야 가족 모두가 행복해지는 것이다. '행복 바이러스'를 전염시킬 수 있는 엄마가 되도록 하자!

가부장적 아빠보다 더 위험한
방관자형 아빠

아빠의 역할이 부재한 상태에 놓여 있는 아이들은 엄마에 대한 사랑을 포기하지 못하고 아빠와 같은 남성성도 배우지 못한다.

우리나라에는 '마마보이', '마마걸'이 유난히 많다. 이것은 엄마가 자식이 컸어도 계속 통제하고 지배하고 있다는 증거이다. '마마보이', '마마걸'이 자율성을 갖추고 있지 못하다는 것은 누구나 알고 있다. 친구를 만나 무엇을 먹을지, 외출할 때 무엇을 입어야 할지까지도 엄마에게 시시콜콜 물어본다. 본인의 결정은 영 자신이 없으니 엄마가 확인해 주어야 마음이 놓이는 것이다.

아이의 독립에 결정적 역할을 하는 아빠

아이의 독립은 두 발로 땅을 짚고 일어서서 발걸음을 떼려는 몸부림에서부터 시작된다. 걷기 시작한 아이는 불안해 하지만 엄마가 안심을 시켜 주면 금세 안정을 찾고 조금씩 엄마에게서 먼 곳까지 가려고 한다. 36

개월 정도가 되면 엄마가 시야에 보이지 않아도 안심하고 엄마와 자신의 '신체적·정신적 분리'를 할 수 있게 된다.

이 시기에 돌입하면 엄마와 아이의 양자 관계에서 벗어나 엄마, 아기, 아빠의 삼자 관계에 본격적으로 돌입해야 한다. 엄마에 열중해 있던 아기를 떼어내어 아빠와 독립적인 놀이를 시작할 수 있도록 도와주자. 다소 위험함도 무릅쓰고, 힘을 겨루는 놀이를 하면서 엄마의 보호 안에 놓여 있던 아이에게 새로운 경험을 제공해야 한다. 그렇게 해야만 아이의 독립을 효율적으로 이룰 수 있다. 이처럼 아이가 첫번째 독립을 하는데 결정적인 기여를 하는 것이 바로 아버지의 역할이다.

아이가 두 번째로 독립하려는 시기는 사춘기이다. 이때에도 엄마는 아이를 종속된 존재로 머무르게 하고 싶은 욕구를 가지고 있지만, 아버지는 아이와 정서적·공간적인 거리를 두려는 속성을 가지고 있다. 때문에 아이가 독립하고, 정체감을 형성하는데 도움을 줄 수 있는 것도 '아버지'이다. 그런데 이렇게 중요한 역할을 하는 아빠들이 너무 바쁘다. 그래서 아이를 전적으로 아내의 몫으로 넘겨두고 영원한 이방인으로 떠돌고 있는 게 현실이다.

아빠의 역할이 부재한 가정

어릴 적부터 민우는 엄마와의 관계만큼은 끔찍이도 좋았다. 2살 아래 남동생이 있기는 하지만 엄마 역시 첫아이인 민우에게 각별한 애정을 쏟아 부었다. 엄마는 민우가 원하는 것이면 무엇이든 해 주었고, 매일 교복은 물론 속옷까지도 다려 주었으며 하루도 빼놓지 않고 차로 아이를 학교까지 데려다 주는 정성을 기울였다. 아이가 학교에서 돌아오면 간식을 챙겨줘야 했기 때문에 외출 한 번을 제대로 못했을 정도였다. 민우가 중학생이 된 지금도 뽀뽀를 하고 침대에 누워 장난을 치다가 함께 자는 일도 많았다.

하지만 친밀하고 가깝다고 해서 이 둘의 관계가 한없이 좋은 것만은 아니었다. 오히려 민우가 초등학교 5학년 이후부터 극도로 갈등이 불거져 병원을 찾게 된 원인이 되었다.

민우는 매사에 참을성이 없고 제멋대로였다. 조금만 힘들면 안 하려 했고, 갖고 싶은 것을 당장 갖지 못하면 엄마에게 대들었고 어떨 때는 욕까지 하였다. 또 은근히 엄마에게 성적인 장난을 치기도 하였다. 엄마 엉덩이를 슬쩍 만지거나 가슴을 건드리기도 하고, 음부를 스치기도 하였다. 엄마는 아이의 의도를 알면서도 장난처럼 받아넘겼고, 진지하고 단호하게 야단을 쳐야 할 경우에도 웃음을 띠는 이중적인 태도를 취했다.

민우의 행동장애는 고학년이 되면서 점점 심해졌다. 공부가 힘들어지자 엄마와 자주 부딪히기 시작했다고 한다. 저학년 때는 머리가 좋다는 말을 꽤 들었던 터라 민우 엄마는 공부를 포기하기가 힘들었다. 그래서 민우의 다른 문제는 제쳐두고 공부에만 매달려 아이를 몰아세웠다. 그러나 성적은 떨어지고 무절제한 행동은 눈덩이처럼 불어났다.

엄마에게 아들 민우는 연인이면서 남편 같은 존재였다. 민우의 아빠가 안 계신 것은 아니지만 사업 때문에 늘 바빴다. 잠시 짬이라도 날라치면 운동을 다니기에 바빠서 가족과 함께 시간을 보내는 일이 거의 없었다. 엄마로서는 그런 남편이 늘 불만이었다. 그래서 아이를 통해서라도 가족의 의미와 행복을 찾고 싶어서 민우에게 헌신적으로 매달리게 된 것이었다.

엄마는 남편에게 얻지 못하는 위안을 아이들, 특히 민우를 통해 보상받기를 원했다. 겉으로 보기에는 민우가 엄마에게 의존하는 것처럼 보이지만 실은 엄마가 남편을 대신하여 민우에게 의지를 하고 있었던 것이다. 민우가 없는 엄마의 삶은 허무와 공허, 그 자체였기 때문에 아이를 자신의 주변에서 맴돌게 하고, 엄마의 도움을 늘 필요로 하는 아이로 키워 왔다. 물론 알고도 일부러 그런 건 아니지만 말이다.

아빠는 아이의 사고를 확장시켜 준다

3~5세경의 아이라면 누구든 '외디프스 콤플렉스Oedipus Complex'나 '일렉트라 콤플렉스Electra Complex'의 시기를 거친다. 이는 이성의 부모에게 성적인 공상을 갖고 호감을 보이는 것을 이르는 것이다. 민우와 같은 남자 아이들은 3세 이전의 애착 대상도 엄마요, 3세 이후에 더욱 가까워지는 것도 엄마이다. 이러한 시기에 아빠, 엄마의 부부간의 사랑을 아이에게 보여주고 확인시켜주면, 아이는 아빠의 위압감 때문에 엄마에 대한 집착을 포기하고 자신을 아빠와 동일시하면서 차츰 엄마로부터 독립하게 된다.

엄마와 아들은 이성異姓이며, 그 차이를 메워줄 사람은 당연히 아빠밖에 없다. 아빠를 통해 배우는 위엄과 경외심은 도덕성을 싹틔우고 자라게 하는 자양분이 된다. 도덕성이 제대로 발달하지 못한다면 아이는 '행동의 한계' 즉, '해서는 안 되는 행동'과 '해도 되는 행동'의 차이를 깨닫지 못한다. 이처럼 아빠는 아이들의 사고를 확장시켜 주는 커다란 역할을 맡고 있는 것이다. 민우처럼 아빠의 역할이 부재한 상태인 아이들은 엄마에 대한 사랑을 포기하지 못하고 아빠와 같은 남성성도 배우지 못하게 된다.

예로부터 우리는 '엄부자모嚴父慈母'의 '엄한 아버지상과 자애로운 어머니상'을 전형으로 살아가고 있다. 물론 지나치게 억압적이고 가부장적인 아버지도 바람직한 것은 아니다. 그렇지만 자녀 양육에 관한 모든 것을 모두 아내에게 미뤄두는 방관자형 아빠들이 이보다 더 문제가 된다는 것을 명심해야 한다.

부모가 믿는 대로 자라는 아이들

남들에게 무시당하고 부정적인 낙인이 찍히면 자신도 모르게 나쁜 쪽으로 변해간다.
부모가 아이를 부정적으로 보고 문제만을 꼬집어 비난하면 아이는 점차로 '나쁜 아이'
가 되어간다.

아프리카의 어느 부족은 어린아이가 물가에서 놀아도, 아이가 칼과 같
은 위험한 물건을 갖고 놀아도 엄마는 크게 주의를 기울이지 않는다고
한다. 흥미로운 사실은 이 부족의 어린이 사망률이나 사고율이 다른 나
라보다 현저히 낮다는 것이다. 물가에 방치하다시피 자란 아이들이 익사
하거나 물에 빠져 죽을 뻔한 사건은 거의 없다고 한다.

그 이유를 살펴보다가 이는 '부모의 암시'와 깊은 관련이 있다는 것을
알아냈다. 부모가 세상이 안전하다고 여기면 자녀에게도 세상은 안전하
고, 부모가 세상을 위험한 곳으로 믿으면 실제로 아이에게 세상은 위험
한 곳이 된다. 부모가 아이에게 심어 주는 믿음을 아이는 그대로 받아들
인다. 즉, 아이를 믿어 주면 아이는 부모가 믿는 만큼의 그릇으로 성장한
다는 것이다.

스티그마 효과

인영이는 중학교 2학년의 여학생이다. 몇 번의 가출과 무단결석으로 학교에서 징계를 받고 부모의 손에 이끌려 억지로 병원에 온 아이였다. 인영이가 처음 행동의 문제를 보이기 시작한 것은 중학교 1학년 때부터였다. 친구들과 몰려다니며 귀가 시간이 늦어지자 보수적이고 권위적인 아빠는 심하게 야단을 치고 매도 들었다고 한다. 어려서부터 강압적인 아빠에게 불만이 많았던 인영이는 집에 들어오면 항상 답답함을 느꼈기 때문에 친구들과 어울려 노는 걸 좋아했다. 그래서 자연히 밖으로 나도는 일이 많아졌던 것이다.

인영이의 부모는 인영이가 불량스러운 아이들과 몰려다니는 것이 걱정되어 친구들과 떼어놓으려 무던히 애를 썼다. '아이가 친구들과 돌아다니면 분명 나쁜 짓을 하고 다닐 게 뻔하다'고 생각했던 모양이었다. 초반부터 잡지 않으면 더욱 나빠질 거라고 판단하여 아이를 심하게 제재하였다.

아마도 두 분 모두 지나치게 도덕적인 분들이라서 아이가 정해진 규칙을 지키지 못하는 것을 이해하지 못했던 것 같다. 하교 시간이 조금만 늦어도 야단을 치고 용돈을 거의 주지 않는 벌을 내렸지만 인영이의 문제 행동은 줄어들지 않았고 집안은 인영이로 인해 조용할 날이 없었다. 인영이는 동생 앞에서도 숱하게 얻어맞기도 하였다고 한다.

그리하여 인영이는 자타가 공인하는 문제아가 되어가고 있었다. 처음에는 자투리 시간에 친구들과 가볍게 쇼핑을 다니는 정도였는데 집안의 압박이 심해지자 학교와 학원을 빠지는 일은 예사가 됐고, 홧김에 집에도 들어가지 않는 가출 수준에 이르렀다.

인영이와 같은 사춘기 시절에는 가족보다는 친구들과 어울려 있는 것을 좋아하는 게 당연하다. 평소 부모에게 불만이 있던 아이들은 조금씩 일탈행동을 보이는 것도 사춘기의 전형적인 특징이다. 하지만 부모가 이를 과민하게 반응하여 아이를 '문제아'로 낙인찍어 버리면, 아이들은 부모가 인식하는 대로 점차 '문제아'가 되어 간다.

이를 '스티그마 효과'라고 한다. 남들에게 무시당하고 부정적인 낙인이 찍히면 자신도 모르게 나쁜 쪽으로 변해간다고 해서 '낙인 효과'라고도 불린다. 부모가 아이를 부정적이고 비관적으로 보아서 문제만을 꼬집어 비난하면 아이는 점차로 '나쁜 아이'가 되어 간다는 의미이다.

부모는 가출까지 한 인영이를 도저히 받아들일 수가 없어서 결국 포기해 버리기까지 했다.

"저 애는 인생을 어떻게 살아야 하는지 미래에 대해서는 도통 관심이 없어요. 아무 생각이 없이 단지 쾌락만 쫓으며 산다니까요."

하지만 실제로 면담을 해 봤더니 인영이는 공부를 열심히 해 보고 싶은 마음도 있었고, 미래에 대한 나름대로의 꿈도 가지고 있었다. 단지 이런 것들이 행동으로 이어지지 않고 있었을 뿐이다.

부모의 방해만 없다면 아이는 스스로 해결책을 찾는다

이런 아이들의 심리치료도 아이들 마음속에 있는 건강한 자아와 동맹을 맺으며 시작하는 것이다. 아이의 고민을 들어주고 꿈과 포부를 마음에서 이끌어내어 본인 스스로 건강한 자아를 되찾고 키워갈 수 있도록 해 주어야 한다. 그러나 정작 현실에서는 어떠한가?

아이가 부모님과 사사건건 대립하고 갈등하다 보면 어긋난 행동만을 보여주게 될 뿐, 자신의 마음속 고민을 털어놓지 못하게 된다. 그리하여 부모는 단지 아이의 '문제 행동'만을 보게 되고 아이를 믿을 수 없어 더욱 통제하게 되는 것이다. 통제를 안 했을 때는 엄청나게 나쁜 결과가 있으리라고 예측하곤 한다. '아이들은 누구나 부모의 예측을 만족시키는 특성'을 가지고 있다는 것을 기억하자. 부정적인 예측은 상황을 더욱 나쁜 쪽으로 몰아가는 결과를 초래한다.

아이들은 누구나 자신의 삶을 바람직한 방향으로 이끌어가려는 힘을 가지고 있다. 다만 이런 아이의 힘을 믿지 못하는 부모들이 아이를 방해하고 있는 것뿐이다. 다시 말해 아이를 비난하고 간섭하거나 반항심을 자극하는 등의 부모의 방해만 없다면, 아이들은 스스로 자신의 삶을 잘 이끌어 나갈 수 있다. 조그마한 실수나 시행착오는 있기 마련이지만 아이들의 조그만 실수나 시행착오, 일탈에 민감해 하기보다는 여유를 가지고 너그럽게 대해 주자. 아이들은 부모가 믿는 바대로 성장할 수 있으니까 말이다.

자녀의 모습이 곧 내 모습이다

내 아이가 다른 아이들과 같은 모습을 하고 있지 않다고 해서 성급하게 실망하지 말자. 아이들은 부모에게서 인정받지 못한다고 느끼는 순간부터 자기 자신을 사랑하지 않는다.

아이는 부모를 비추는 거울이다. 그렇기 때문에 아이의 모습을 보면 부모가 어떤 사람인지 어느 정도 짐작할 수 있다. 낭비벽이 심한 아이라면 부모 역시 물건 귀한 줄 모르고 낭비가 심한 사람일 수 있고, 욕을 잘하는 아이라면 부모가 공격적인 성향을 가지고 있을 가능성이 높다.

내가 알고 있는 한 초등학교 선생님은 이런 경우를 수없이 목격했다고 한다. 어느 날 선생님은 운동장에서 학년과 이름이 적힌 새것과 다름없는 실내화를 하나 주웠다고 했다. 실내화가 없어 쩔쩔맬 아이를 생각해서 선생님은 바로 다음날 아이를 찾아갔다. 하지만 아이는 이미 새 실내화를 신고 있었다. 왜 실내화를 찾지 않았냐고 묻자, 아이는 이렇게 대답했다고 한다.

"엄마에게 실내화를 잃어버렸다고 하니까 바로 사 주시던 걸요."

이미 아이는 잃어버린 물건에 대해 대수롭지 않게 여기고 있었다. 그래도 주워온 신발이라 주인에게 돌려주기는 했지만 아이는 골칫거리라도 껴안은 듯 심통한 얼굴로 받아 들었다고 한다.

부모들은 "물건을 아껴 써라", "친구와 사이좋게 지내라", "어려운 사람을 도와라", "선생님 말씀 잘 듣고 존경해라" 등의 말로 아이의 훈육을 쉽게 마치려고 한다. 부모 자신은 정작 행동으로 보여주지 않는데, 말뿐인 훈육이 아이의 가슴에 와 닿을 리가 없다.

아이를 올바르게 키우기 위해서는 부모 자신의 말과 행동에도 주의를 기울여야 한다. 아이가 자신의 모습을 지켜보고 있으며, 자신의 말과 행동을 그대로 모방하고 있다는 사실을 항상 염두에 두자. 부모는 아이의 모범적인 역할모델이 되어야 한다. 그러기 위해서 부모 자신도 매사 신중을 기하는 노력이 필요하다.

자녀 교육의 핵심은 부모 자신이 참된 삶을 사는 것

키신저의 아버지는 아이의 역할모델을 모범적으로 수행한 훌륭한 예이다. 세계적 정치지도자로 미국 국무장관의 자리에까지 오른 인물인 헨리 키신저Henry Alfred Kissinger. 그는 어렸을 때부터 아버지와 함께 책을 읽으며 공부하는 습관을 들였다. 키신저의 아버지는 독일의 한 여학교에서 교사로 재직하고 있었는데, 그가 살던 아파트는 언제나 책으로 가득 차 있었다고 한다.

이렇듯 세계 정치사에 큰 족적을 남긴 키신저의 배경에는 역할모델인 아버지가 있었던 것이다. 키신저가 어렸을 때부터 보아온 아버지는 독서를 즐기고, 연구하는 모습이 열정적이었던 분이었다. 그런 그의 모습이 자식인 키신저에게도 그대로 대물림된 셈이다.

또, 미국사회에서 성공한 대표적인 한국인 고홍주 예일대학교 법과대학 학장도 선친인 고광림 박사를 가장 존경하며, 그에게 가장 큰 영향을 받았다고 말하였다. 수재이기도 했던 고광림 박사는 일제시대 때 경성제국대학교 법학부를 졸업하고 하버드대학교 법대에서 세 개의 박사학위를 땄다.

고광림 박사는 새벽 2시에 일어나는 생활습관을 지니고 있었다고 한다. 고광림 박사가 아침 일찍 일어나니 자연히 다른 가족도 일찍 기상할 수밖에 없었다. 고홍주 학장을 비롯한 6남매들도 매일같이 새벽에 일어나 식사를 하고 그때부터 공부를 시작했다고 한다. 그때 밴 습관 때문에 고홍주 학장은 지금도 새벽 2~3시면 일어나 하루 일과를 시작한다고 한다. 그는 자신을 성공으로 이끈 요인은 아버지의 빠른 기상 덕분이라고 주저 없이 말하였다.

이처럼 자녀 교육의 핵심은 부모 자신이 참된 삶을 사는 것이다. 부모 자신이 올바르게 행동하고 주변 사람을 배려한다면, 아이를 다그치고 야단치지 않아도 아이 스스로 바르게 자라난다. 아이를 꾸짖고 변화시키려 하기보다 '내가 아이의 역할모델을 제대로 수행했나'를 먼저 생각해 보자. 그리고 항상 말과 행동에 조심을 기울이도록 하자. 아이는 어느새 자라서 의식하지 못하는 사이에 부모로부터 많은 것을 배운다.

"백 번 듣는 것보다 한 번 보는 것이 낫다"라는 속담이 있다. 중국인은 이를 인용하여 "백 번 보고 듣는 것보다 한 번 행동하는 것이 낫다"라고 말한다고 한다. 자녀 교육도 마찬가지이다. 부모가 적극적인 행동으로 보여주는 것이 제3자를 통해 여러 번 보여주는 것보다 더 나은 훈육이 될 수 있다.

엄마 스스로 중독되는 신화 창조의 꿈

천천히 그리고 끊임없는 관심과 애정으로 아이를 관찰하면, 아이는 자연스레 자신이 무엇을 좋아하는지 말을 해 주고, 말을 하지 않더라도 행동으로 보여줄 것이다. 부모는 이때를 놓치지 말고 아이의 재능을 살려주면 된다.

'엄마의 신화'를 꿈꾸는 엄마들은 자신의 욕구를 충족시키는 대상을 아이로 삼고 있다. 아이를 통해 대리 만족을 느끼고자 하는 것이 지나쳐서 자녀를 키우는 본래의 순수성을 잃어버리고 만다. 아이의 능력이나 자질은 고려치 않고 엄마 자신의 욕구충족에만 목적을 두어 자녀에게 부당한 강요를 하는 것이 '엄마 신화'의 문제점인 것이다. 이는 영어를 한마디도 못하는 사람에게 통역을 요구하는 격이다. 따라서 '엄마의 신화'로 만들고자 하는 아이들은 심각한 스트레스를 받기 마련이다.

엄마의 틀 속에 자녀를 가두지 마라

6살 지영이는 고집이 세서 누구에게도 지지 않으려 했다. 그래서 사사건건 부모님께 말대꾸를 하고 트집을 잡고 늘어졌다. 예를 들면 운동화

끈이 제대로 안 묶여졌거나 머리가 반듯하게 안 되어 있으면 서너 시간을 울어서 진을 쏙 빼놓는다고 한다.

놀이 치료 중에도 지영이는 인형들을 일렬로 세워놓고 벌을 주거나, 아름답지 않고 주변과 어울리지 않는다고 여겨지는 괴물 인형과 같은 물건들은 감옥이나 구석에 밀어넣어 버렸다. 이런 지영이의 행동은 평소 엄마의 모습을 그대로 반영하고 있었다.

지영이의 엄마는 늘 집안이 깔끔하고 정돈되어 있어야 심리적인 안정을 찾았고, 무엇이든 배우면 그룹에서 최고가 되어야 하는 욕심을 가지고 있었다. 지영이는 엄마와는 달리 약간 덜렁거렸다. 엄마는 지영이가 덜렁거려 저지르는 실수를 못마땅하게 여겼고 자주 야단을 치기도 했다. 그렇게 엄마에게 통제를 받아온 지영이는 이제 반대로 엄마를 통제하고자 하는 욕구가 생겨 버렸다. 작은 일에도 엄마의 말은 안 듣고 고집을 부리거나 트집을 잡아서 자기 마음대로 엄마를 조종하려고 하는 것이다.

반듯하고 똑똑하게 자라주길 바랐던 아이가 자꾸 엇나가기만 하자 엄마는 이를 받아들일 수가 없었다. '감히 엄마한테'라는 생각이 들어서 감정 조절이 제대로 되지 않을 때가 많았다. 치료를 진행하면서 지영 엄마는 자신이 정해 놓은 틀 속에 자식을 가둬둘 수 없다는 지극히 단순하고 평범한 진리를 깨닫기 시작했다. 그리하여 아이에 대한 자신의 욕심을 하나씩 포기해야 하는 또 다른 내면의 싸움을 시작하게 되었다. 시간이 지나 엄마가 아이와의 갈등을 편안하게 받아들이고, 아이를 최고로 키워야 한다는 강박관념을 벗어버리자 지영이도 차츰 회복되어 갔다.

"아이는 저마다 타고난 기질과 특성, 소질이 있다."

이 같은 얘기는 이제 귀에 딱정이가 앉을 정도로 지겹게 들었을 것이다. 이렇게 각양각색의 아이에게 천편일률적인 것만을 고집한다면 아이들이 제대로 자랄 수 있을까?

콩은 콩나물을 키우는 콩과 두부를 만드는 콩, 콩자반을 만드는 콩, 모두가 제각각 다르다. 콩나물을 키우기 적합한 콩으로 콩자반을 만들면 제맛을 내지 못하고, 콩자반 만들 콩으로 싹을 틔우려 암만 애를 써도 속이 곯아 버리고 만다. 아이도 마찬가지이다. 아이의 특성을 고려하지 않으면 지영이처럼 마음의 병이 생길 수 있는 것이다.

내 아이를 잘 알고 있다고 자신하는가?

2002년 한일 월드컵 당시 한국축구국가대표팀을 4강의 신화로 끌어올린 거스 히딩크Guus Hiddink 감독은 기존의 스타성 선수에 얽매이지 않았다. 무명 선수와 신인 선수를 대폭 발굴하고 스스럼없이 기용해서 승리를 이끌어 냈기에 '명장'이라는 수식어를 달게 되었다.

"무명 선수들이 대 선수가 되는 것을 자주 봐 왔다."

어느 기자회견에서 히딩크 감독이 한 말이다. 그의 말처럼 박지성을 비롯한 히딩크가 발굴한 스타들이 세계의 주목을 받고 뛰고 있다. 그렇다면 그는 어떻게 기량이 뛰어난 선수를 발굴할 수 있었을까?

일단 히딩크는 선수들을 파악하기 위해 각 프로축구단을 직접 찾아다녔으며, 수도 없이 많은 비디오테이프를 보고 선수에 대해 철저히 분석했다고 한다. 선수들 하나하나를 정확히 알고 평가하기 위한 시간과 노력을 아끼지 않았다는 얘기이다. 한국인 코치들을 통해 선수들을 알아가는 노력 또한 게을리하지 않았는데, 이는 히딩크가 시합중에 기가 막힌 용병술을 펼칠 수 있었던 요인이 되기도 했다.

안다는 것은 이렇게 중요하다. 부모도 자기 자식을 알기 위한 노력과 시간을 아끼지 말아야 한다. '내 뱃속에서 태어난 자식인데 내가 왜 모를까?' 싶은 섣부른 판단은 잠시 접어두고 냉철하게 아이를 파악하기 위해 정성을 기울이자. 자녀를 파악하기도 전에 무조건 가르치려 든다면 아이는 하기 싫은 일을 억지로 하게 되는 것이고, 아이 입장에서 부모는 '간섭하는 사람' 내지는 '지시하는 사람' 으로 비춰질 뿐이다.

부모는 '관찰자'나 '조력자' 역할만으로 충분하다. 아이들과 어울리면서 유독 흥미를 느끼거나 재능을 보이는 행동들이 있다면 그것에 관심을 기울이자. 때로는 조용하게 지켜보면서 아이의 반응을 세심하게 살피고, 관심 분야에 한 걸음씩 접근할 수 있도록 도와주는 것이 필요하다.

내 아이가 다른 아이들과 같은 모습을 하고 있지 않다고 해서 성급하게 실망하지도 말자. 성장이 조금 느린 아이에게 보통 아이들의 기준치를 들이댄다면 엄마의 실망감은 의외로 클 것이다. 아이들은 민감해서 그런 엄마의 기분을 금세 눈치 채고 남보다 떨어지는 자신을 인식하여 점차 자신감을 상실하게 된다. 아이들은 부모에게서 인정받지 못한다고 느끼는 순간부터 자기 자신을 사랑하지 않기 때문이다.

천천히 그리고 끊임없는 관심과 애정으로 아이를 관찰하면, 아이는 자연스레 자신이 무엇을 좋아하는지 말을 해 주고, 굳이 말을 하지 않더라도 행동으로 보여줄 것이다. 부모는 이때를 놓치지 말고 아이의 재능을 살려주면 된다.

3장

아이를 이해하는
첫 번째 열쇠,
기질

아이의 기질을 이해하면 행복하다

엄마가 화를 내면 금세 눈물을 뚝뚝 흘리는 아이가 있는가 하면, 한 귀로 듣고 한 귀로 흘려 버리는 아이도 있고, 같이 소리를 지르거나 엄마를 때리는 아이도 있다. 쌍둥이 라 할지라도 아이들 성격과 기질은 각자 조금씩 다르다.

"다른 집 아이는 안 그런데 우리 아이만 왜 이리 유별난지 모르겠어 요."

많은 엄마들이 자주 하는 하소연이다. 유별나게 키우지도 않았는데 내 아이가 다른 아이들보다 더 요란스럽고, 더 예민하고, 다루기가 힘겹다 고 느껴질 때 하나같이 하는 말들이다. 곰곰이 내가 뭔가 잘못 했나, 나 도 모르게 아이에게 스트레스를 주지는 않았나 생각해 보아도 도무지 해 답을 찾을 수가 없다. 똑같은 환경에서 키운 아이들인데도 한 아이는 건 강하고, 왜 다른 아이는 문제가 생기는 걸까? 비슷한 환경의 옆집 아이 는 무리 없이 잘 자라는데 우리 아이만 유독 다른 이유는 뭘까?

부모의 양육 vs. 아이의 타고난 특성

불과 50여 년 전까지만 해도 사람들은 아이가 '아무것도 쓰여 있지 않은 텅 빈 백지'와 같은 상태로 태어난다고 생각했다. 그래서 부모의 양육은 절대적이며, 부모가 무엇을 심어 주느냐에 따라 아이의 인생이 결정된다고 굳게 믿었다.

그러나 1950년대 미국의 정신과의사 부부였던 스텔라 체스Stella Chess와 알렉산더 토머스Alexander Thomas는 부모와 가족의 태도가 아이의 성격을 결정하는 데 영향을 미치는 것은 사실이지만, 그 외에도 다른 중요한 원인이 있다고 말하였다. 그들은 아이마다 제각각 독특한 '기질temperament'을 가지고 있음을 밝혀내고, 기질이 자녀 양육에 있어서 매우 중요하다는 주장을 펼쳤다.

아이의 타고난 특성nature과 부모의 양육nurturing의 커다란 두 가지 줄기 가운데 무엇이 더 중요한지에 대한 연구는 오랜 세월 중요한 화두로 자리 잡았고, 그 논쟁은 여전히 이어지고 있다. 그만큼 아이를 키우는 데 양육 태도만큼이나 중요한 것이 아이 자체가 가진 기질적 특성이라는 것이다.

엄마가 화를 내면 금세 눈물을 뚝뚝 흘리는 아이가 있는가 하면, 한 귀로 듣고 한 귀로 흘려 버리는 아이도 있고, 같이 소리를 지르거나 엄마를 때리는 아이도 있다. 쌍둥이라 할지라도 아이들 성격과 기질은 각자 조금씩 다르다. 기질의 기본은 변하지 않지만 겉으로 나타나는 형태는 계속 달라질 수 있기 때문이다.

기질이란 '타고난 특성'을 말한다. 이것은 각 개인마다 갖고 있는 개성으로, 활동성 · 적응속도 · 자극에 대한 반응도 · 예민함의 정도 등 다양한 특징을 포함하는 복합적인 개념이다.

우리 아이의 개성은 무엇인가

부모가 종종 아이의 유별난 행동을 저지하기 위해 "도대체 왜 그러는 거니?", "그만두지 못해!"라고 아무리 얘기를 해도 큰 효과가 없는 것이 당연하다. 왜냐하면 아이는 타고난 기질에 따라 행동했을 뿐이니까. 부모가 화를 내든 말든 아이는 그렇게 행동하도록 태어났기 때문이다. 그러므로 아이가 유별나다고 해도 걱정하거나 이상하게 생각할 필요가 전혀 없다. 오히려 부모가 아이의 이러한 기질을 이해하지 못하거나 무조건 자신의 성향에 맞추어 바꾸려고 한다면, 나아지기는커녕 아이는 더욱 격렬한 반응을 보이고 결과적으로는 부모 자식 간의 관계를 악화시킬 뿐이다.

아이를 잘 기르고 싶고 아이와 행복한 관계를 유지하고 싶다면, 아이의 기질적인 특성을 반드시 이해할 필요가 있다. '우리 아이의 기질은 이렇구나'라고 머리로만 생각해서는 안 된다. 부모는 아이의 기질을 어떻게 하면 긍정적인 방향으로 발전시킬 수 있을까를 고민하고 적극적으로 도와주는 조력자이자 협력자가 되어야 한다. 아이를 잘 키우기 위해서는 아이에게 얼마나 많은 사랑을 주느냐도 중요하겠지만 아이의 개성과 특성을 제대로 이해하는 것도 매우 중요하다.

'유별난 아이'가 아니라 '기질이 강한 아이'이다

기질이 강하다는 것은 에너지가 격렬하다는 것이고, 좀더 민감하고 감수성이 풍부하다는 것을 의미한다. 잘 성장한다면 그만큼 큰 인물이 될 가능성이 높다.

6살된 명우는 유치원에 가서 말을 한마디도 하지 않을 정도로 내성적이다. 사람들이 옆에 오는 것도 싫어하고, 늘 화가 난 듯한 상태로 구석에 혼자 있다. 그래서 유치원 친구들도 명우를 가까이하지 않았다. 명우 엄마는 어쩔 수 없이 직장을 그만두고 명우와 함께 시간을 보내며 문제를 해결하려고 했지만 좀체 달라지지 않자 급기야 병원을 찾아왔다.

상담을 해 보니 명우는 태어나면서부터 좀 남달랐다. 낮과 밤이 바뀌어 밤에 거의 잠을 자지 않았고, 밥에도 적응하지 못해 서너 살이 될 때까지 우유만 먹었으며, 이후에도 편식이 심했다고 한다. 새로운 장소에 가면 자지러지듯 울었고, 겁이 많아 걸음도 늦게 배웠으며, 연필이나 크레용을 손에 쥐어줘도 뭔가를 그리려고 시도도 하지 않았다. 그러다 보니 다른 아이들보다 발달이 늦어졌다. 또 조그만 소리에도 예민하게 놀

랐고, 목까지 올라오는 티셔츠는 절대로 입지 않을 만큼 감각이 예민했다. 게다가 한 번 고집을 피우면 절대 꺾지 않는 아이였다.

보통 명우와 같은 아이를 '다루기 힘든 아이'나 '유별난 아이'라고 생각한다. 그러나 정확히 표현하자면 '기질이 강한 아이'라고 할 수 있다. 최근의 연구결과에 따르면 전체 아이들 중 10~15%는 아주 까다롭고 강한 기질을 가지고 태어나는 것으로 밝혀졌다.

기질이 강한 아이는 예민하고, 고집이 세다

기질이 강한 아이들은 대체로 감각이 매우 예민하고, 고집이 유난히 세며, 변화나 낯선 것에 대한 적응이 느려 부모를 힘들게 하는 특징을 보인다. 그렇다고 아이나 부모가 어떠한 문제점이 있어서가 아니라 단지 좀더 기질적으로 강한 특성을 가지고 태어났을 뿐이다.

기질이 강한 아이는 태어나는 순간부터 강렬하게 반응하게끔 천성을 타고났다. 보통 아이보다 에너지가 더 강하며, 호기심이 많고 민감하며, 더 활동적이다. 그래서 기질이 강한 아이를 둔 엄마는 보통 아이를 둔 엄마보다 몇 배나 육아의 어려움을 겪고 있다. 다른 아이들에게 효과적인 양육법도 이 아이에게는 통하지 않고, 아무리 노력을 해도 행동에 변화가 나타나지 않기 때문이다.

아이는 결코 이러한 행동을 의도적으로 하는 것이 아니라, 단순히 남들보다 더 강하고 예민하게 느끼기 때문에 그것을 직접적으로 표현하고 있을 뿐이다. 그러나 엄마들이 정작 이 점을 간과하고 있기 때문에 아이 키우기가 힘들고 괴롭다고 여기는 것이다.

명우와 같은 아이들은 고집을 꺾기보다는 타협하는 것이 좋다. 새로운 장소에 갈 때는 미리 상황을 설명해 줘서 아이가 예측할 수 있도록 해 주고, 조금 미리 도착해 익숙해지는 시간을 갖는 것이 바람직하다. 또 어떤 일이든 천천히 접근시켜야 한다. 아이가 겁을 낼 때에 "괜찮아", "겁내지 마"라고 말만 해 주는 것은 그리 도움이 되지 않는다.

"무섭지. 엄마도 처음엔 그랬단다."

"해 보기 전에는 지켜보기만 해도 돼."

이렇게 말하면서 실패를 해도 되고 다시 해 볼 수 있다는 것을 아이에게 알려 줌으로써 좌절하지 않도록 도와줘야 한다. 도전에 실패하더라도 "넌 생각을 많이 하고 조심성이 많구나"라는 식으로 아이를 격려해야 한다. 그리고 어떤 일이든 연습할 기회를 충분히 주는 것이 필요하다. 어려서부터 부모가 이런 태도로 아이에게 신경을 쓴다면 차츰 특성이 약화되어 웬만한 어려움은 이겨 나갈 수 있는 아이로 성장할 수 있다.

기질이 강하면 큰 인물이 될 가능성이 높다

기질이 강한 아이를 둔 엄마들이 명심해야 할 것은 '왜 우리 아이만 유별난가?'가 아니라 '내 아이는 어떤 기질을 가지고 있을까?'라는 점이다. '아이의 기질을 어떻게 받아들일 것인가?', '내 아이의 장단점을 어떻게 발전시킬 것인가?'를 생각해야 한다. 그러기 위해서는 먼저 엄마가 머릿속에 그리고 있는 이상적인 아이의 모습을 지워 버려야 한다. 엄마가 이상적인 아이의 유형에 매달리게 되면 정작 현실 속 내 아이의 장점을 놓치게 되기 때문이다.

기질이 강하다는 것은 에너지가 격렬하다는 것이고, 좀더 민감하고 감수성이 풍부하다는 것을 의미하기 때문에 이를 잘 성장시킨다면 그만큼 큰 인물이 될 가능성이 높다. 실제로 역사 속 위인들 중에서도 보통 아이들보다 기질이 강했던 사람들이 많다. 희극배우 찰리 채플린Charles

Spencer chaplin이나 영화감독 스티븐 스필버그Steven Allan Spiellberg, 소설가 카프카Franz Kafka … 이들이 자신의 기질을 제대로 이해하지 못하거나 다른 아이와 똑같은 방식으로 키우고자 하는 어머니를 만났다면 지금쯤 어떤 모습을 하고 있을까? 어린 시절에는 '말썽쟁이'로, 성인이 되어서는 '독특한 사람' 혹은 '괴짜' 등으로 낙인이 찍혀 주변인들로부터 외면을 받고 있을지도 모를 일이다. 그러나 이들의 어머니는 자녀의 특별함을 이해하고 협력해 주면서 바르게 성장할 수 있도록 도왔다.

아이의 기질을 이해하고 배려하자. 그러면 보통 엄마들이 경험하지 못한 큰 기쁨과 환희를 느끼게 될 테니까 말이다.

내 아이는 어떤 기질을 가졌을까

첫 단추를 잘못 끼우면 처음부터 다시 끼워야 하듯 내 자녀의 기질을 이해하지 못하면
아이를 효과적으로 계발시켜 줄 수 없다. 그렇기에 우리 아이가 어떤 기질을 가지고
있는지 아는 작업은 무엇보다 중요하다.

부모는 비슷한 방식으로 키웠는데도 첫째 아이와 둘째 아이가 판이하
게 다른 경우는 너무나도 흔하다. 이 역시 기질 때문이다. 기질은 생물학
적으로 타고나는 것이므로 부모가 노력한다고 쉽게 변하지 않는다. 다만
부모는 아이의 기질을 정확하게 파악하여 아이의 기질에 '적합한 양육'
을 하는 것이 중요하다.

현대적인 의미에서 기질에 대해 본격적인 연구를 시작했던 스텔라 체
스와 알렉산더 토머스는 생후 수주만 지나도 아이들의 행동이나 반응상
의 개인차가 발견된다는 사실을 알아내고는 행동의 개인차를 규정하는
9가지 요인이 존재한다고 하였다. 이 요인은 ① 식사, 수면, 배변습관 등
의 규칙성 ② 변화에 적응하는 속도 ③ 감각 자극에 대한 반응의 강도 ④
일반적인 기분 상태 ⑤ 집중력 ⑥ 감각의 예민성 ⑦ 사물을 느끼고 깨달

는 능력 ⑧ 새로운 상황에 대한 반응 ⑨ 활동성이라고 하였다. 그리고 9가지 요인별 아이의 특성을 체크하여 아동의 기질을 크게 '순한 아이easy baby', '적응이 느린 아이slow to warm-up', '까다로운 아이difficult baby'라는 3가지로 분류하였다.

토머스와 체스 이후에도 기질을 구성하는 요인에 대한 연구는 다양하게 이루어졌으나 현재는 세 가지 또는 네 가지 정도의 기질 요인으로 분류하는 것이 대세이다. 그중에서도 미국의 크로닝거C. Robert cloninger 박사가 고안한 '기질-성격 검사'가 많이 사용되고 있다. 여기서는 기질을 구성하는 요인을 4가지로 보았다. ① 위험 회피 ② 새로움의 추구 ③ 보상 의존 ④ 지속성이 그것이다.

'위험 회피' 요인이 높은 아이들은 새로운 상황이나 환경에 대해 겁을 내고 움츠러들어 회피하는 경향이 있다. 어려서부터 낯가림이 심하고 겁이 많고 소심하지만, 조심성이 있어 위험한 상황으로 뛰어들지 않는다. 반대로 '위험 회피' 요인이 낮은 아이들은 겁이 없고 용감하여 낯선 상황에 빨리 적응을 하며 사교성이 좋고 낙천적이다. 하지만 자주 위험에 노출되고 사고를 당하기 쉽다.

'지속성'이 높은 아이들은 어떤 일을 끝까지 해 내려고 매달리는 경향이 있고 참을성이 있고 끈질기며 근면하다. 숙제나 과제는 끝까지 완수하는 등 성실하지만 뭔가 하고 있을 때 중단시키기란 쉽지 않다. '지속성'이 낮은 아이들은 하던 일을 중단시키기 쉽지만 과제를 지속하기 어렵고 조금만 어려워도 쉽게 포기하고 성실하지 못하다. 쉽게 싫증을 내지만 창의성이 높다.

'보상 의존'이 높은 아이들은 다른 사람들의 반응에 민감하여 인정이나 칭찬에 잘 반응하는 아이들이다. 남의 마음을 잘 헤아리고 대체로 부모의 말을 잘 듣고, 순응적이며 감수성이 예민하다. 그러므로 자기주장을 하기보다는 다른 아이들의 의견에 맞추는 편이며 부정적인 감정을 잘 표현하지 않아 대인관계가 좋은 편이다.

'보상 의존'이 낮은 아이들은 다른 사람의 요구나 인정보다는 자신의 욕구나 의지를 중요하게 여기고, 심지가 굳다. 자신이 원하는 일만 하려고 하고 주변에 무심하다. 현실적이지만 이기적으로 보일 수 있다. 작은 환경의 변화에도 적응이 어려우며 고집을 부리고 짜증이 많으며 유연성이 떨어진다. 규율에 대항하는 일이 많고 반항적이고 살갑지 않고 냉정하다.

'새로움 추구' 성향이 높은 아이들은 늘 에너지가 넘치고 새로운 것을 찾아 탐색을 하고 활동적이지만 좀 산만하여 차분히 뭔가를 지속하거나 가만히 있기가 힘들다. 새로운 걸 사달라는 요구도 많고 충동적이며, 성격이 급하다. '새로움 추구' 요인이 낮은 아이들은 차분하고 조용히 앉아 지내는 걸 좋아한다. 그러나 운동이나 활발한 활동을 싫어하고 퍼즐, 그림 그리기, 블록 등을 좋아한다.

제시된 표를 참고하면 내 아이의 기질을 가늠할 수 있다. 각 요인의 '높은 경우'와 '낮은 경우'를 주목해 보자. 대부분의 아이가 하나 이상의 기질이 두드러질 것이다. 판정시트의 어두운 칸에 체크된 요인이 있다면 특별히 그 요인의 기질에 있어서 키우기 어려운 아이일 것이다.

★ 기질 - 성격 검사 ★

검 사 문 항	전혀 아니다	대체로 아니다	반반 이다	대체로 그렇다	완전히 그렇다
1. 쉽게 두려워한다.	1	2	3	4	5
2. 어려운 장난감을 가지고 놀면 아이가 너무 쉽게 포기한다.	5	4	3	2	1
3. 칭찬받는 것에 대해서 크게 기뻐하지 않는다.	5	4	3	2	1
4. 그 나이 또래의 다른 아이들보다 더 빨리 냉정을 잃는다.	1	2	3	4	5
5. 다른 아이들보다 스트레스로부터 더 빨리 회복된다.	5	4	3	2	1
6. 시작된 일은 어떤 것이라도 끝내려고 결심하고 있다.	1	2	3	4	5
7. 사람들과 함께 있기를 좋아한다.	1	2	3	4	5
8. 소란스럽고 모든 일에 참견한다.	1	2	3	4	5
9. 새로운 상황에서 거의 언제나 편안하고 걱정이 없어 보인다.	5	4	3	2	1
10. 오랜 시간 동안 한 가지 장난감을 가지고 논다.	1	2	3	4	5
11. 혼자 있기를 좋아하는 편이다.	5	4	3	2	1
12. 두목 행세를 한다.	1	2	3	4	5
13. 수줍음을 타는 편이다.	1	2	3	4	5
14. 퍼즐 맞추기를 즐긴다.	1	2	3	4	5
15. 혼자 놀기보다는 다른 아이들과 어울려 놀기를 좋아한다.	1	2	3	4	5
16. 다른 아이들보다 더 가만히 있지 못하고 활동적이다.	1	2	3	4	5
17. 낯선 상황에서 부모에게 매달린다.	1	2	3	4	5
18. 자신이 하는 일은 무슨 일이든지 끝까지 밀어붙인다.	1	2	3	4	5
19. 꼭 안기는 것에 저항한다.	5	4	3	2	1
20. 작은 일에도 쉽게 냉정을 잃는다.	1	2	3	4	5
21. 예상치 못한 상황에 의해 당황한 경우 빨리 안정을 되찾는다.	5	4	3	2	1
22. 자신이 하던 일을 끝마치기 전에 하던 일을 중단하기를 자주 거부한다.	1	2	3	4	5
23. 다른 무엇보다도 사람들로부터 기운을 얻는다.	1	2	3	4	5

검 사 문 항	전혀 아니다	대체로 아니다	반반 이다	대체로 그렇다	완전히 그렇다
24. 쉽게 산만해진다. 한 가지 일을 하면서 가만히 앉아있지 못한다.	1	2	3	4	5
25. 쉽게 깜짝 놀란다.	1	2	3	4	5
26. 다소 완벽주의자다. 자신이 끝마칠 때까지 그 일을 계속한다.	1	2	3	4	5
27. 다른 사람이 다독여 주거나 안심시켜주면 안달복달하던 것을 멈춘다.	1	2	3	4	5
28. 원하지만 당장 가질 수 없는 것에 대해 기다릴 수 있다.	5	4	3	2	1
29. 낯선 사람과 친해지는 데 오랜 시간이 걸린다.	1	2	3	4	5
30. 성공할 때까지 작업을 고수한다.	1	2	3	4	5
31. 부모가 자기에게 미소 짓는 것에 별로 신경 쓰지 않는 것 같다.	5	4	3	2	1
32. 낯선 방에 들어갈 때 아이는 긴장하고 초초해하는 것 같다.	1	2	3	4	5
33. 일이 약 10분 이상 지속되면 그 일을 계속하지 못한다.	5	4	3	2	1
34. 평소 부모 혹은 다른 사람들로부터 위로를 구하지 않는다.	5	4	3	2	1

아동 기질 검사 판정 시트

기질 요소	위험 회피(RA)	지속성(P)	보상 의존(RD)	새로움 추구(NS)
문항번호 점수	1. 5. 9. 13. 17. 21. 25. 29. 32.	2. 6. 10. 14. 18. 22. 26. 30. 33.	3. 7. 11. 15. 19. 23. 27. 31. 34.	4. 8. 12. 16. 20. 24. 28.
점수 총 합계				
높은 점수	33 ≤ ( )	35 ≤ ( )	41 ≤ ( )	23 ≤ ( )
중간 점수	20 ≤ ( ) ≤ 32	25 ≤ ( ) ≤ 34	33 ≤ ( ) ≤ 40	16 ≤ ( ) ≤ 22
낮은 점수	19 ≥ ( )	24 ≥ ( )	32 ≥ ( )	15 ≥ ( )

내 아이의 재능을 키워주는 기질별 양육법

아이의 기질은 만 3세까지는 많이 변화할 수 있다. 엄마가 아이의 특성과 리듬에 맞추어 키우기만 한다면 기질적으로 모난 면이 부드러워질 수 있다는 말이다.

아이들의 기질이 저마다 제각각인 만큼 부모들이 다루기 힘든 아이들이 많다. 아이가 내 뜻대로 따라주지 않는 것이 마냥 속상한가? 기질은 아이를 이해하는 첫 번째 열쇠이다. 이해하고 나면, 대처법도 보일 것이다. 지금부터 크로닝거 박사가 분류한 네 가지 요인, 즉 위험 회피, 새로움 추구, 보상 의존, 지속성을 기준으로 하여 유형별로 그 방법을 살펴보겠다.

고집이 센 아이

'지속성' 요인이 높고 '보상 의존' 요인이 낮은 아이들이다.

고집이 센 아이는 완고하고 타인의 말은 잘 듣지 않는 경향이 있다. 부모의 말도 듣지 않고 말대답을 하거나 반항적으로 보이기도 한다. 자기주장이 강하고 논쟁을 좋아하고 화를 잘 내 다른 아이와 다투는 일이 잦다. 이런 아이들은 두 돌 즈음부터 문제가 더욱 두드러진다. 떼를 심하게 쓰거나 정도가 심해지면 자신의 머리를 때리거나 자해를 하기도 한다.

자신 스스로 중요한 일이라고 판단되면 완전히 몰입하는 모습을 보인다. 예를 들어 자전거를 타기로 마음을 먹었다면 아무리 넘어지고 다쳐도 자전거 타는 것에 푹 빠져서 멈추지 않는다. 엄마가 걱정스러운 마음에 "다치니까 그만 둬"라고 몇 번을 말해도 아이의 마음을 바꾸기란 쉽지 않다. 부모의 말에 고분고분 따르는 일이 없다. 생각하는 방식이나 행동 방식을 바꾸는 게 쉽지 않아서 예측하지 않은 상황이 벌어지면 애를 먹는다. 하다못해 수학문제를 풀 때도 늘 같은 방식으로 풀려고 해 제한시간을 넘기기도 하고 쉬운 방법을 놓고도 어렵게 돌아 가기도 하지만 이는 아이의 특성이므로 쉽게 변하지 않는다.

그렇기 때문에 부모는 자녀의 고집을 꺾으려고 하기보다는 자녀의 의견을 존중해 주며 불필요한 간섭은 줄이는 게 좋다. 중요한 결정은 설명해 주고 최대한 설득하지만 최종선택은 자녀 스스로 하게 하는 게 좋고 아이의 선택에는 스스로 책임을 지게 한다. 부모의 지시를 따르지 않아 힘들 때에는 잔소리 대신 아이와 함께 수정할 목표 행동을 정해보자. 행동이 긍정적일 때는 보상해 주고 부정정인 행동에 대해서는 권리를 제한한다. 3일간 텔레비전 시청 금지, 일주일간 휴대폰 사용 금지 등 이런 식으로 미리 행동의 규칙을 정해 합의하에 시행하면 된다.

아이의 고집 때문에 폭발하기 일보직전이라면 아이에게 "엄마가 지금 화가 몹시 났단다. 잠시 쉬고 다시 네 이야기를 듣도록 하마"라고 말한 다음 휴식시간을 갖는 것이 좋다. 그 이후 두 사람이 수용할 수 있는 합의점을 찾도록 노력한다.

집중력이 부족한 아이

'새로움 추구' 요인이 높고 '지속성' 요인이 낮은 아이들이다.

산만하고 집중력이 부족한 아이는 어떤 일을 시키면 항상 다른 것에 정신이 팔리기 쉽다. 심부름을 가는 도중 한눈을 팔다가 무엇을 해야 하는지를 깜빡 잊어버리기도 하고, 걸어서 5분밖에 걸리지 않는 곳을 몇 배의 시간이 걸려 도착하기도 한다. 눈에 들어오는 모든 것에 주의를 빼앗겨 시간이 흘러가는 것을 잊어버리는 것이다. 게임 같은 자신이 좋아하는 것에는 너무 몰입하지만 하기 싫은 공부나 과제에는 도통 관심이 없다. 이런 성향 때문에 초등학교 입학 이후에는 본격적으로 부모가 힘들어진다.

이런 아이는 한 가지 장난감을 오래 가지고 놀지는 않지만 새로운 활동에도 거부감이 없이 빨리 적응한다. 지각 능력이 뛰어나고 상상력이 풍부하기 때문에 똑같은 그림을 보더라도 여러 가지 기발한 생각을 해 내고, 독창적인 상상의 나래를 펼친다. 물감이 흩뿌려진 그림 속에서도 나비를 찾아내고, 물고기를 보고, 새를 만들어내는 기발함을 가지고 있다. 지각 능력이 뛰어나기 때문에 다른 아이들은 이해하지도 못하고 발견하지도 못하는 사실을 재빨리 알아차리기도 한다. 산만한 아이를 둔 엄마들은 하루하루가 놀라움의 연속인 셈이다.

이런 아이를 둔 부모는 아이에게 너무 많은 기대를 가져서는 안 된다. 한 번에 한 가지 일만 시킨다거나, 책읽기나 학습도 자녀가 싫증을 내지 않도록 적당한 선에서 하는 것이 좋다. 자녀를 산만하게 하는 요소들을 제거해 주는 것도 필요하다. 예를 들어 밥을 먹는데 시간이 오래 걸린다면 텔레비전이나 게임기, 책 등 한눈을 팔 만한 요소들을 식사 전에 미리 치우자. 식사나 숙제를 할 때에는 미리 시간을 정해 놓는 것이 좋고, 타임 왓치 등을 사용하는 것도 도움이 된다.

적응이 느린 아이

'지속성' 요인이 높고, '새로움 추구' 요인이 낮은 아이들이다.

적응이 느린 아이는 변화를 싫어하고 새로운 환경이나 상황에 쉽게 적응하지 못한다. 조금이라도 변화가 생기면 금세 스트레스를 받고 당황한다. 가령 장난감을 가지고 놀고 있는데 갑자기 엄마가 "이제 잠잘 시간이야"라고 말하면 아이는 엄마의 말에 따르기보다는 대답도 안하고 들은 체도 하지 않는다. 그러면 부모는 무시당하는 것 같아 화가 나고 속이 터진다. 자신은 새로운 상황에 적응하는 속도가 느려서 전환하는데 시간이 필요한 것인데, 엄마가 빨리 잠자리에 들 것을 요구하니까 거부반응을 보이는 것이다. 학원을 보내거나 새로운 걸 배우게 하면 무조건 "싫다"는 말을 입에 달고 산다. 친구도 가려서만 사귀려고 하고 운동이나 활동적인 놀이는 안하려고 하기 때문에 수동적이고 소극적으로 보인다.

이런 아이들은 "싫다"는 말을 있는 그대로 받아들이기보다는 "받아들이는 데 시간이 필요해요"라는 식으로 해석하고, 기다려 줘야 한다. 이런 성향의 아이들은 주관이 뚜렷하여 내적인 동기가 부여되면 계획성이 뛰어나서 어떤 일도 잘 계획하고, 자신의 주관대로 성실하게 살아가는 아이로 자랄 수 있다.

적응이 느린 아이에게는 생활계획표를 세우고, 그 스케줄대로 움직이게 하자. 스케줄이 바뀌거나 갑자기 외출을 해야 한다면 아이에게 "오늘 오후에 이모네 놀러갈 테니, 그리 알고 있으렴"하고 미리 알려주는 작업이 필요하다.

예민한 아이

'보상 의존' 요인이 높고, '새로움 추구' 요인이 낮은 아이들이다.

예민한 아이는 작은 자극에도 커다란 반응을 한다. 보통 아이보다 오감이 민감하기 때문에 새 옷의 촉감이 조금만 마음에 들지 않아도 입지 않으려고 하고, 냄새가 조금만 거슬려도 음식에 손을 대지 않고 먹어보지 못한 음식은 먹으려 하지 않는다. 작은 소리에도 민감하여 심하게 놀라고 자신의 감정에 대해 털어놓지 않기 때문에 속을 알 수 없는 경우도 많다.

성격이 예민하고 섬세하기 때문에 부모나 다른 사람이 무심코 던진 말에 상처를 입기도 하고, 부모가 미처 모르고 지나친 일들을 아이는 평생 기억할 수 있으며, 단지 지적을 받았다는 이유만으로 마음에 상처를 심하게 받기도 한다. 이런 아이들은 잘못을 했을 때, 무조건 야단만 치지 말고 왜 야단을 맞고 벌을 받아야 하는지, 벌을 받고 난 후의 기분은 어떠했는지 등의 이야기를 나누는 것이 중요하다.

비난 받을까봐 시도조차 하지 않고, 실수할까 봐 두려워하는 성향이 있으므로, 성공과 실패가 똑같이 중요한 경험임을 미리 가르쳐 줘야 한다. 특히 이런 아이는 오감이 예민하기 때문에 작은 들풀도 그냥 지나치지 않고 그 속에서 아름다움을 찾아낸다. 이 기질을 잘 다스리기만 하면 아이의 놀라운 관찰력과 감수성에 감탄하는 일이 잦을 것이다. 또한 상대가 말로 표현하지 않아도 느낌과 생각을 짐작할 수 있어서 주변인들과 깊은 유대관계를 형성할 수 있다.

활동적이고 부산스러운 아이

'새로움 추구' 요인이 높고, '위험 회피' 요인이 낮은 아이들이다.

부산스러운 아이는 잠시도 가만히 있지를 못하고, 똑같은 행동을 보이지 않는다. 늘 부산스럽게 움직이며 뛰고 구르고, 손장난치고, 소리를 지르고, 올라타고, 넘어진다. 엄마가 "좀 가만히 있지 못하겠니?", "다쳐도 엄마는 몰라"라고 말을 해도 소용이 없다. 충동적이며 늘 위험한 놀이를 즐기기 때문에 자주 다쳐 병원 신세를 진다. 얼굴이나 몸에 흉터 몇 개는 기본이다. 워낙 에너지가 넘치는 터라 한밤중이 되어도 온 집안을 뛰어다니는 경우가 많다. 부모가 아이를 지치게 할 요량으로 함께 놀아주는 것은 좋은 방법이 아니다. 그러면 아이는 더 흥분을 하기 때문에 오히려 부모가 지치기 십상이다.

그러나 활동적이고 재능이 많아 이 기질을 긍정적인 방향으로 키워주면 사회에서 중요한 역할을 하는 사람이 될 가능성이 높다. 이런 아이들은 많은 사람들 앞에서 이야기하고 주목받는 것을 즐긴다. 이런 자녀를 둔 부모들은 공부만 시키려고 하지 말고, 아이가 가진 장점을 발견해 내서 그 장점을 어느 분야에 쓸 수 있을지를 고민해야 한다. 예를 들면 스포츠, 연극, 노래 등의 취미활동을 통해 에너지를 발산하도록 하는 것도 좋다. 이런 아이들에게는 특히 스킨십이 중요하다. 부모가 안아 주면 특별히 더 안정감을 느끼는 아이들이 대부분이기 때문이다.

겁이 많은 아이

'위험 회피' 요인이 높으며, '새로움 추구' 요인이 낮은 아이들이다.

낯설고 새로운 것을 두려워하는 아이는 새로운 장소에 가거나 새로운 활동을 하게 되면 심한 거부반응을 보인다. 이때는 엄마가 옆에서 아무리 설득을 해도 소용이 없다. 억지로 시키면 울고 고함을 지르며 격렬하게 반응할 뿐이다. 놀이방이나 놀이터에 나가도 선뜻 또래와 어울리려 하지 않고 물끄러미 지켜보기만 하고 누군가 다가오면 엄마 치마 뒤에 숨어 버린다. 분리불안도 오래 지속되는 경우가 많아 남들은 유치원이나 문화센터에 다녀도 이 아이들은 이런 시도조차 하기 힘든 경우가 많다. 집에선 문제가 없는 듯이 보이지만 집 밖에 나가면 위축되고 겁을 먹어 적응이 힘들다.

이런 아이는 무엇을 시작할 때 충분히 준비할 수 있는 시간을 주고 앞일에 대해 미리 설명하고 준비하도록 도와야 한다. 새로운 장소나 상황에서 아이가 위축된 행동으로 인해 수치심을 느끼지 않도록 배려해 주어야 한다. 이웃 어른에게 수줍어서 인사조차 못하는 아이를 그 앞에서 나무라거나 인사를 강요하면 아이의 수치심은 점점 가중되고 더욱 위축될 것이다. 또 아이가 긴장하고 겁을 내고 있을 때 무조건 "괜찮다"라고 하기보다 불안해하는 마음을 이해해 주고 공감해야 한다. 실수를 하더라도 '실수는 누구나 할 수 있는 일'로 생각하게 하고 격려해야 한다. 부모부터 친구들과 자주 만나고 이웃과 왕래해 보자. 그런 다음, 아이가 자연스럽게 주위 사람들과 어울릴 수 있는 기회를 만들어 줘야 한다. 그러면 낯선 것에 대한 거부감이 차츰 사라지게 된다.

꼼꼼하고 분석적인 아이

'위험 회피' 요인이 높고, '지속성'이 높은 아이들이다.

분석적인 아이는 완벽주의 성향이 강해 매사에 미리 계획을 세우고 꼼꼼하다. 하지만 계산적이고 까다롭기 때문에 쉽게 만족하지 못하고 늘 심각하다. 엄마와 함께 쇼핑을 할 때도 "옷 색깔이 이상해", "엄마는 이 옷이 더 잘 어울려", "지금 입고 있는 엄마 옷이 더 예뻐", "엄마는 뚱뚱해서 이옷이 맞지 않을 거야" 등 비판적인 시선으로 계속 꼬투리를 잡는다. 또 좋은 점보다는 나쁜 점을 찾고 지적하기 때문에 다른 사람의 기분을 상하게 만들며, 재미있는 경험을 해도 시큰둥한 반응을 보인다. 그래서 이런 아이를 둔 엄마들은 선물을 받거나 같이 놀아주면 기뻐서 어쩔 줄 몰라 하는 아이를 둔 엄마들을 부러워할 때가 많다.

아이는 자신에 대한 기대 수준도 높아 스스로에게도 만족할 줄 모른다. 게다가 엄마도 아이의 성과나 성취에 지나치게 집착하면서 기대를 많이 한다면 아이는 늘 실패나 좌절을 두려워하게 될 것이다. 또한 작은 좌절에도 자괴감에 빠지거나 우울해질 수 있기 때문에 어려서부터 부모가 낙천적이고 긍정적인 사고방식으로 살아가는 것을 보여 주는 것이 필요하다. 감성보다는 인지가 더 발달되어 있는 아이들이라서 감정을 표현하는 것을 쑥스러워하고 따뜻함이 부족하고 냉정해 보일 수 있다. 부모가 매사 비판적이기보다는 감동하고 환호하며, 감정을 적극적으로 표현해 주어야 한다.

그러나 생각이 깊고 꼼꼼하기 때문에 이 기질을 잘 관리하면 기획력이 좋고 분석적인 사람으로 자랄 수 있다. 이런 아이들은 엄마가 편안한 모습으로 여유 있고 느긋하게 행동하면 아이 역시 편안함을 느끼게 된다. 어느 정도 규칙과 틀을 없애는 것도 필요하며 "하지 마라"는 부정적인 말보다는 "정말 잘했구나"라고 긍정적인 표현을 자주 해 주어야 한다. 아이의 행동이 마음에 들지 않더라도 아이 입장에서 생각하고 판단하려고 노력하자.

엄마가 아이의 기질에 대해 얼마나 이해하느냐에 따라 미래의 아이 모습이 달라질 수 있다. 아이의 기질에 맞추어 자녀의 기질을 잘 키워주자.

아이와 부모의 궁합

아이와 엄마의 기질이 많이 다를 경우에는 불협화음이 끊이질 않는다. 엄마는 아이와
자신의 특성을 잘 고려해서 적절한 양육 방법을 찾는 것이 필요하다.

남녀 간에만 궁합이 있는 것이 아니라 부모 자식 간에도 궁합이 있다.
이게 무슨 말인가 싶겠지만 부모와 자식 간에도 서로 잘 맞는 성격이 있는
가 하면, 서로의 이해와 협조를 좀더 필요로 하는 관계도 있다는 것이다.

엄마는 집안에 조용히 있는 것을 좋아하는데, 아이는 비가 오나 눈이
오나 밖에 나가 뛰어노는 것을 좋아할 수 있다. "오늘은 날씨가 나빠서
안 돼", "오전에 놀았으니 오후에는 얌전히 집에 있어"라고 아이의 행동
을 제지해 봤자 별 소용이 없다. 아이는 계속해서 놀이터에 나가서 놀고
싶다고 보챌 것이다. 엄마는 성격이 급하고 책임감이 강한데, 아이는 급
한 게 없고 무슨 일이든 늦장인 경우도 있다.

엄마와 아이의 기질이 다를 때

혜수가명는 초등학교 4학년 여자아이이다. 혜수는 선생님의 사소한 지시도 금세 잊어 물건이나 약속을 깜빡하는 적이 많고, 행동도 매우 느렸다. 무엇을 준비하는데 다른 아이들보다 몇 배의 시간이 걸려도 본인은 서두르는 기색조차 없다. 반면 혜수의 엄마는 똑 부러지는 성격이었다. 좋고 싫음이 분명하고, 잘하지 못할 일은 시작조차 하지 않았으며, 매우 부지런했다. 엄마에게 혜수는 당연히 이해할 수 없는 아이였다.

혜수에게는 여동생이 하나 있었다. 그 아이는 엄마처럼 행동이 재빠르고 야무지며 뭐든지 스스로 알아서 하는 편이었다. 한마디로 '엄마 마음에는 쏙 드는 아이'인 셈이었다. 그러다보니 엄마는 무의식적으로 혜수와 동생을 늘 비교했던 모양이다.

사실 혜수가 별났던 것이 아니라 느긋한 성격은 아빠를 많이 닮아서였다. 그런 남편과 갈등이 많았던 엄마는 혜수에게서 아빠의 그러한 점을 자꾸 발견하게 되니까 더 못마땅하고 속상했던 것이었다. 그래서 혜수의 엄마는 혜수의 단점에 너무 민감해져 버렸다. 사소하게 넘길 수 있는 일들도 그냥 넘기지 못하고 심하게 야단을 쳤다. 그러면서 남편에게 느꼈던 분노까지 모두 아이에게 쏟아붓게 된 것이다. 그래서 아이는 결국 심한 정서 장애를 겪게 되었다. 지능은 매우 높았으나 사소하고 단순한 일에 집중을 하지 못했고, 반응 속도도 상당히 떨어졌다. 안 그래도 행동이 느린 아이가 이런 특성까지 있다 보니 혼자 멍하니 백일몽에 빠져 있다가 사소한 지시도 놓쳐 버리는 경우가 많았다.

이처럼 아이와 엄마의 기질이 많이 다를 경우에는 불협화음이 끊이질 않는다. 아이는 아이대로 엄마는 엄마대로 스트레스를 받는 것이다. 그래서 엄마는 아이와 자신의 특성을 잘 고려해서 적절한 양육 방법을 찾

는 것이 필요하다. 그리고 어른인 부모가 먼저 자녀와 맞추기 위해 노력
해야 한다. 그렇다면 아이의 기질에 맞춰 양육하려면 어떻게 해야 할까?

기질에 따른 양육법

첫째, 내 아이에 대한 이해가 필요하다. 어떤 사람은 마라톤에 어울리
고, 어떤 사람은 순간적인 폭발력이 요구되는 단거리에 어울린다. 장거
리 선수에게 순간적인 폭발력으로 빠르게 달려 주기를 요구한다면 그 사
람의 장점을 죽이는 것이다. 자녀 역시 마찬가지다. 아이의 입장을 먼저
생각하는 것이 무엇보다 중요하다. 어리고 미숙하다는 이유로 아이의 입
장을 무시하는 엄마들이 있는데, 그렇게 되면 아이의 기질을 계발시키는
데 상당한 어려움을 겪게 된다.

둘째, 아이가 어떻게 행동을 할 것인지 미리 예측을 해 보자. 특히 고
집이 센 아이를 둔 엄마라면 어떤 상황에서 고집을 부릴지 미리 예측하
고 이에 여유 있게 대처할 수 있는 마음가짐이 필요하다. 고집 센 아이의
경우는 대개 어느 한쪽을 선택해야만 하는 상황에서 엄마와 충돌이 벌어
지기 마련이다. "내일 놀이방에 갈 때 노란색 원피스 입을래, 핑크색 원
피스 입을래?"라고 말하면 아이는 엉뚱하게 파란색 원피스를 입고 가겠
다고 고집을 부린다.

엄마가 이런 상황을 미리 예측할 수 있다면 서로 맞서는 상황을 피할
수 있고, 설령 충돌이 일어난다 하더라도 원만하게 대응할 수 있을 것이
다. 이미 여러 번의 대립구도로 아이가 고집을 부린다는 것은 쉽게 알아
챌 수 있을 것이다. 화내거나 흥분하지 말고, 왜 파란색 원피스를 입으려
고 하는 건지 이유를 들어보자. 설사 불합리하고 비논리적인 이유라고
하더라도 아이의 의견을 따라줘 보자. 절대로 해서는 안 되는 이유가 있

거나 남에게 피해를 주는 상황이 아니라면 말이다.

셋째, 엄마 자신의 반응도 스스로 예측해야 한다. 자신이 어떤 상황에서 자주 아이에게 화를 내고 짜증을 내는지, 아이의 어떤 행동에 당황하는지 등을 예측할 수 있으면 아이와의 충돌을 피할 수 있다.

넷째, 아이의 기질에 맞는 환경을 만들어 준다. 감정기복이 심한 아이는 공공장소나 여러 사람이 모인 장소에서 심하게 울거나 웃어서 따가운 시선을 종종 받게 된다. 이러한 아이의 특징을 모른다면 엄마는 "빨리 그치지 못하겠니? 창피하게…"라고 아이를 다그치고 면박을 주게 된다. 이런 아이들은 다른 아이들보다 똑같은 상황을 더 강렬하게 느끼기 때문에 희노애락을 격렬하게 표현하는 것이다.

감정기복이 심한 아이들은 자신의 기질을 잘 발산할 수 있도록 환경을 만들어 주는 것이 최선책이다. 가령, 여러 감정을 표현할 수 있도록 어린이 연극모임에 가입시켜 준다. 일주일에 한 번 정도 연극을 하게끔 하면 아이는 공연 연습을 하면서 자신의 기질을 맘껏 발산하게 된다. 무엇보다도 자신이 감정을 극화해서 표현하는 연극을 통해 기뻐하는 사람들을 보면서 자기의 가치를 재확인하기도 한다. 이런 아이들은 두려움과 불안감이 크기 때문에 다른 사람들이 자신을 좋아한다고 생각하는 것이 매우 중요하다.

다섯째, 아이가 해 낸 일을 칭찬하는 것도 필요하다. 칭찬은 사람의 기분을 상승시키는데 가장 효과적인 수단이다. 아이가 성공적으로 역할을 해 냈을 때 "어머, 이런 어려운 걸 해 내다니 대단한 걸!"하고 칭찬을 해주면 아이는 더욱 긍정적인 방향으로 기질을 발전시켜 나간다. 산만한 아이가 30분 이상 동화책 읽는데 열중했다면 이 점을 충분히 칭찬해 주자.

다만 자녀의 기질이나 성격과 상관없이 부모가 절대로 허용해서는 안 되는 것이 있는데, 다른 사람을 때리거나 부모에게 욕을 하고 폭력을 휘두르는 경우가 바로 그것이다. 기질에 따른 양육이 좋다고 잘못된 행동까지 그냥 넘어가면 무엇이 옳고 그른지 모르는 아이로 자라게 되기 때문이다. 요컨대, 아이의 기질을 장점화하느냐 마느냐는 부모의 손에 달려 있다.

나는 어떤 기질을 가진 엄마일까?

문제의 원인을 아이에게서만 찾고 있지는 않는가? 아이의 기질을 올바르게 발전시키고자 한다면 아이의 기질 외에 부모의 기질을 돌아봐야 한다.

"우리 애는 누굴 닮아 저런지 모르겠어."

부모의 노력에도 불구하고 아이가 엉뚱하게 자라는 것만큼 속상한 일이 있을까. 하지만 아이는 혼자서 자라지 않는다. 나름대로 노력을 기울이는 데도 아이가 자꾸만 예기치 않은 방향으로 자란다면 분명 누군가에게 문제가 있다는 신호이다. 아이 몇 명을 키운 베테랑 엄마들도 좀처럼 그 원인을 찾아내지 못하는 경우가 있는데, 그 이유는 아이에게서만 원인을 찾으려 하기 때문이다.

아이의 기질을 올바르게 발전시키고자 한다면 아이의 강한 기질을 누그러뜨리는 것 외에도 한 가지 더 고려해야 할 것이 있다. 그것은 바로 '부모의 기질'이다. 아이를 기질에 맞게 양육하려면 먼저 부모 자신이 어떠한 기질을 가지고 있는지도 돌아봐야 한다.

지고는 못 배기는 엄마

인아(가명)는 세 살짜리 여자아이다. 어려서부터 까다롭고 낯가림도 심했던 인아는 두 돌이 되자 떼가 더욱 심해졌다. 뭔가 뜻대로 되지 않아 한 번 울기 시작하면 3~4시간을 계속 심하게 울어 목이 다 쉴 정도였다. 그리고 자신이 할 수 있는 것도 뭐든지 엄마 손을 거쳐서 하려 했고, 엄마가 해 주지 않으면 울고 뒤로 나자빠졌다.

인아가 처음부터 이렇게 심하게 떼를 썼던 것은 아니었다. 처음에는 떼가 좀 있구나 싶던 아이가 동생이 생기면서 증상이 더욱 심해졌다. 6개월 전 동생을 낳은 엄마는 어린 동생을 돌보는 데 지쳐서 인아에게 짜증을 많이 냈다. 또 인아가 하고 싶은 대로만 하려고 떼를 쓰면 '버릇을 잘못 들였다가는 아이 성격이 나빠지겠다'는 생각에 인아의 고집을 꺾고 통제하기 위해 몇 시간씩 실랑이를 하고, 매를 들기도 했다. 그래도 인아는 여전히 꺾이지 않고 엄마의 맘고생은 더욱 심해졌다.

인아 엄마는 병원을 찾아와 "아이가 엄마를 이겨먹으려 한다"고 하소연했지만 내가 보기에 인아 엄마 역시 '지는 것을 못 견디고, 다른 사람과의 힘겨루기에 민감한 성격'을 가지고 있었다. 손뼉도 마주쳐야 소리가 나듯 아이와 충돌이 자주 일어난다는 것은 엄마와 아이가 비슷하다는 증거이기도 하다.

아이들은 두 돌쯤 되면 누구나 자기주장을 강하게 하고 고집을 부리며 자신이 하고 싶은 대로 하려고 한다. 이는 아이의 자율성이 조금씩 생기고 '자아'가 형성되는 징조로 정상적으로 정서가 발달하고 있다는 뜻이다. 오히려 이런 현상 없이 너무 순종적이고 어른 말만 잘 듣는 아이에게 문제가 있는 것이다.

이 시기쯤 되면 부모는 아이의 의견을 존중해 주려는 노력을 기울여야 한다. 하지만 부모들이 이런 아이들의 변화에 사전 지식이 없다면 인아 엄마처럼 '힘겨루기'에 민감해지고 지고 못 배기는 성격의 부모는 아이를 경쟁상대로 여겨서 꺾어 이기려고 애를 쓰게 된다.

나는 인아 엄마에게 아이에게 위험한 일을 빼고는 자율성을 마음껏 발휘하도록 만들어 주라고 말했다. 떼쓰는 버릇은 인아의 증상이 사라진 뒤 한 가지씩 아이의 수준에 맞게 습관을 들여가도록 조언해 주었다. 그리고 엄마도 아이를 지배하겠다는 생각이나 자신이 원하는 대로 아이가 움직여 주기를 바라는 마음에서 벗어나 아이의 개성을 살려줄 것을 당부했다.

엄마와 아이의 기질을 서로 인정하라

자녀 문제로 화가 나고 속상할 때 잠시 숨을 고르고 스스로에게 이렇게 물어보자.

'나는 아이의 입장에 서 있는가?'

'내가 혹시 아이에게 지는 것을 못 견디는 건 아닐까?'

이 말에는 여러 가지 의미가 포함되어 있다. "내가 부모라는 이유로, 어른이라는 이유로 독단적인 판단을 하고 있지 않나?" 또 하나는 "아이와 나의 독특한 기질을 무시하고 있지 않은가?"이다. 엄마와 아이의 기질이 서로 다를 경우, 서로를 인정하지 않으면 충돌이 일어난다. 엄마와 아이의 기질에 대해 완전히 이해해야 이를 바탕으로 아이와 원만한 관계를 형성해 갈 수 있다.

부모의 기질을 알아내는 방법은 아이의 기질을 알아내는 방식과 같다. 이 결과를 토대로 아이와 비교를 하면 자신이 어떤 기질을 가졌으며, 왜 자신과 아이의 관계가 불편한지 알 수 있을 것이다. 자신의 기질이 파악

되었다면 다음과 같이 자녀를 양육하면 도움이 된다.

감정기복이 심한 부모

일정한 자극에 대해 부모가 자신의 상태에 따라 일관성이 없고 아이의 행동에 대한 반응이 다르다면 아이는 몹시 당황한다. 아이의 행동에 대한 부모의 피드백이 시시각각 달라진다면 아이는 판단의 가이드라인을 갖기 어렵고, 부모의 반응을 예측할 수 없어 늘 눈치를 보고 불안해진다. 늘 강압적이고 차가운 부모보다 오히려 아이를 더 불안하게 만들 수 있다. 우선 자신의 감정 상태를 늘 모니터링하는 것이 필요하다. 화가 났을 때 자신도 모르게 화를 표출하게 되는 상황이 가장 문제이다.

가장 중요한 것이 자기 스스로를 관리하는 것인데, 부모 스스로 계획된 생활을 하면 상황을 예측할 수 있다. 무계획적이고 충동적으로 일을 진행하는 것을 피하고, 규칙적인 생활을 하고자 노력한다. 매일 매일의 일을 아침마다 정리하며 우선순위를 정해 실행하는 것도 좋은 방법이다.

화가 났을 때에는 우선 자신이 화가 오르고 있다는 걸 깨닫는 게 필요하다. 이런 상황에 대처할 수 있는 방법을 5가지 정도 평소에 생각하여 집안 곳곳에 써서 붙여 놓는다. 막상 화가 났을 때는 대처 방법이 떠오르지 않기 때문이다. 예를 들어 심호흡을 한다, 숫자를 거꾸로 센다, 밖에 나가 동네를 한 바퀴 산책하고 온다, 맛있는 차를 한 잔 마신다 등 여러 가지 방법이 있다. 자신의 감정을 먼저 다스리고, 인내의 한계에 도달했다고 판단됐을 때는 다른 사람의 도움을 청한다.

감정기복이 심한 부모가 감정을 강하게 폭발시키면 예민한 아이들은 격렬한 반응을 보이며, 겁이 많은 아이는 심하게 불안 할 수 있다. 이 때 부모는 당황하지 말고 한 걸음 물러나 마음을 다스리고, 아이를 진정시킬 수 있는 방법을 찾는다. 자신의 감정에 압도되어 행동한다면 후회나 자책감에 시달리게 될 것이며, 아이에 대해서도 일관된 태도를 가질 수 없게 된다. 고집 센 아이들은 원칙 없는 부모의 반응에 분노감을 느끼고 반항적으로 될 수 있고, 이런 아이의 반응은 부모의 상태를 더욱 악화시킬 수 있다. 서로 흥분한 상황에서는 잠시 떨어져 감정을 다스린 후 대화하는 지혜가 더욱 필요하다. 부모가 먼저 감정을 진정해야 하는 것이다.

산만한 부모

먼저 부모 스스로 산만하지 않은지 체크해 보자. 그리고 계획을 세워한 가지 일을 끝까지 하도록 노력한다. 다른 일에 집중하기 전에는 가급적 쉬어 준다. 대개 이런 부모는 한꺼번에 여러 가지 생각이 떠오르고 정리가 되지 못하며 즉흥적이고 충동적으로 말하거나 행동에 옮긴다. 외향적이고 늘 활기 있을 수 있으나 에너지를 잘 활용하지 않으면 안절부절못하거나, 화를 잘 낼 수 있다.

특정 생각이 떠오를 때마다 아이에게 지시하거나 잔소리를 하면 아이는 혼란스럽고 차츰 짜증을 부리거나 반항하기 쉽다. 여러 생각이 떠오를 때는 글로 써서 정리하고 우선순위를 정해 한 가지씩 실천하는 게 좋다. 실천한 이후에는 반드시 그 일의 결과를 스스로 평가하여 점수를 매겨 준다.

이런 성향의 사람들은 관심의 범위가 넓고, 외부와의 상호작용을 통해에너지를 얻는다. 때문에 사람들과 대화하고 만나고 활동을 즐기는 것이 필요하다. 생각한 것을 즉흥적으로 내뱉는 경향이 있으므로 되도록 자신의 생각을 돌아보고 신중하게 말로 표현하도록 노력하자.

만일 아이가 부모와 반대로 겁이 많거나 행동이 느리고 비활동적인 기질이 있다면 부모는 아이가 게으르고 답답하게 느껴질 수 있다. 이런 경우 아이의 두려움이나 비활동성을 이해해 주려는 노력이 더 많이 필요하다. 아이가 부모의 격려를 받으며 새로운 경험을 할 수 있도록 도와주자. 단, 서두르는 것은 금물이다.

적응이 느린 부모

아이가 그러하듯이 부모도 적응이 느린 기질을 타고 난다. 이런 사람은 행동하기 전에 충분히 탐색하고 생각하며 여러 변수를 고려하기 때문에 신중하여 실수가 적다. 하지만 불필요한 생각을 너무 많이 하여 스스로 지치고 피곤할 수 있으며, 추진력이 부족할 수 있다. 또 어떤 일을 할 때 돌발상황이 발생하면 순발력이 떨어질 수 있으므로 예측되는 돌발상황에 대해 미리 준비하고 대비책을 갖는 게 좋다. 일을 진행하기 전에 미리 휴식을 취하면서 새로운 상황에 대한 준비를 하면 도움이 될 것이다.

적응이 느린 부모들은 산만하거나 계속 새로운 자극을 찾는 기질의 자녀와 만날 경우 특히 어려움을 겪는다. 일단 아이를 이해할 수 없어 쉽게 지친다. 한 가지 일에 집중하지 못하고 인내심이 부족한 자녀를 이해하기 힘들어 더욱 심하게 나무랄 수 있다. 이럴 때는 부모가 혼자만의 휴식 시간도 충분히 갖고 부모의 장점인 인내심을 발휘하여 아이에게 지속적이고 일관되게 격려하자. 아이의 과제도 잘게 나누어 수행하게 하고, 이를 지켜봐 주는 것이 좋다.

또한 호기심이 많은 아이를 자신이 그때그때 뒷받침해 주지 못하는 것에 대해 죄책감이 들 때도 생긴다. 이런 경우 아빠나 삼촌 등 주변의 도움을 받거나 문화센터, 복지관 등 프로그램에 참여시키는 것도 좋은 방법이 된다.

낯선 것을 싫어하는 부모

혼자 있는 것을 즐기고 방해받기를 싫어하기 때문에 자칫 아이와의 상호 작용이 부족할 수도 있다. 생각이나 감정을 밖으로 표현하는 것을 조심스러워하므로 아이는 부모를 차갑거나 엄격한 사람으로 느낄 수 있다. 하지만 대체로 신중하다는 장점이 있으므로 일관된 양육을 하기에는 유리하다.

여가에는 혼자서 에너지를 충전하는 것이 좋으며, 시끄럽고 사람이 붐비는 곳은 피한다. 실수에 대한 지나친 두려움을 떨쳐 버리고 생각만 하지 말고 행동하고 실천해 보려고 노력하고, 아이의 질문에 대한 대답을 하거나 조언을 하기 전에 스스로 생각할 시간을 충분히 갖는다.

아이가 부모와 비슷하게 적응이 늦다면 부모는 아이를 잘 이해할 수 있지만 오히려 아이를 자신과 동일시하면서 자신에 대한 화를 아이에게 투사할 수 있으므로 아이와 자신을 심리적으로 분리시키는 것이 필요하다. 그렇지 않다면 아이는 분리불안이 해결되지 않아 매우 의존적이 될 수 있다. 이런 아이는 또래 관계에서 겁을 먹고 쉽게 다가가기 힘들 수 있는데 부모가 자신의 문제까지 투영하여 아이를 나무란다면 아이는 더욱 겁을 먹고 적응하기 힘들게 된다.

고집이 센 부모

고집 센 부모는 대개 융통성이 부족하여 자신이 정한 규칙이나 틀에 아이가 들어오기를 바란다. 타협할 줄 모르는 부모는 아이를 숨 막히고 답답하게 할 수 있고, "엄마, 아빠 마음대로만 해"라는 원망을 자주 듣는다. 본의 아니게 지배적이고 강압적이며 자기주장만 하는 부모이기 쉬운 유형이다.

아이와 부딪혔을 때는 아이 탓만 하지 말고 스스로 생각을 정리할 시간을 갖는다. 그리고 자신의 양육방식이 억압적인지 권위주의적인지 살펴본다. 만약 그렇다면 적당한 균형점을 찾도록 하자. 아이 양육에는 적당한 정도의 '권위'와 적당한 정도의 '허용'이 필요하다. 한쪽으로만 기울어진다면 반드시 문제가 생긴다. 특히 아이가 자율성을 주장하는 시기—만 2세 전후, 사춘기—에 문제가 두드러지기 쉽다. 고집이나 자기주장이 강해지는 시기이기 때문이다.

대개 이런 부모는 아이의 고집을 꺾지 못하면 자신이 아이에게 졌다거나 무시당했다고 느껴 아이와 힘겨루기를 하면서 서로를 힘들게 한다. 특히 아이가 부모처럼 고집이 센 경우라면 아이는 심하게 반항하거나 공격성을 보인다. 부모나 아이 모두 절대로 지려고 하지 않기 때문이다. 가정은 전쟁터로 변한다. 이런 때는 어른이고 좀더 성숙한 부모가 문제를 인식하고, 타협하려는 노력을 해야 한다. 융통성을 발휘해 한발 물러서서 아이의 입장이나 주장을 수용해 보자.

반대로 아이가 지나치게 순한 경우 아이는 별다른 저항 없이 부모에게 순응한다. 겉보기에는 문제가 없는 듯 보이지만 아이가 자신의 욕구나 감정을 지나치게 억압하며 부모에 맞추어 살아간다면 아이는 자기주장을 못하고 자율성이 없는 아이가 되기 쉬우며, 집밖에서도 무시당할 수 있다. 이런 경우 부모는 더 민감하게 아이의 감정 상태를 살펴야 한다. 아이와 부모는 서로 지배하거나 지배당하는 관계가 되어서는 안 된다.

비판적인 부모

대체로 완벽주의 성향이 강하고, 상대의 단점을 지나치게 확대해서 보고 장점을 보지 않으려는 경향이 있어 비판적으로 느껴질 수 있다. 인간관계에서 섬세한 감정을 무시하거나 보지 못하고, 감정적으로 민감하지 못해 아이의 감정 상태를 알지 못할 수 있다. 대체로 사랑의 표현, 칭찬을 자제하기 때문에 가족이 사랑받고 인정받는 느낌을 갖지 못할 수도 있다.

부모 스스로 긍정적인 눈으로 아이를 보도록 노력하자. 이러한 유형은 자신에게도 비판적일 수 있으므로 사소한 일에도 스스로에게 격려와 칭찬을 아끼지 않는 노력 또한 필요하다.

부모의 칭찬이나 비난에 영향을 많이 받는 예민한 아이들은 부모의 비판이나 지적에 상처를 많이 받고 분노를 느끼며 자존감을 다친다. 그로 인해 부모와 갈등을 심하게 겪을 수 있다. 부모는 아이의 장점과 단점을 리스트로 정리하여 장점을 부각하여 표현해 주고 단점을 해결할 구체적인 계획을 단계적으로 세워보자.

산만한 아이들은 실수를 많이 하고 행동상의 문제가 두드러지기 때문에 비판적인 부모는 그냥 지나치지 못하고 지적을 하는 경우가 많다. 아이는 결국 "나는 못난이, 아무것도 할 수 없어"하는 식의 무력감에 빠질 수 있다. 단점이 부각되어 보이더라도 무시하고 아이의 긍정적인 변화를 민감하게 잘 잡아내어 칭찬할 기회로 삼자. 이런 아이는 키우기는 힘들지 몰라도 건조하고 삭막해지기 쉬운 부모의 성격을 보완하여 가정에 활기를 불어 넣어 주는 존재이다. 뒤집어 생각해 보자.

위인에게는 그 기질을
격려한 부모가 있었다

세계의 신화를 만든 인물 뒤에는 아이의 기질을 살리는 데 노력을 아끼지 않았던 부모가 있었다. 부모가 어떻게 양육하느냐에 따라 아이 안에 숨어 있는 빛이 찬란히 빛날 수도, 꺼질 수도 있다.

아인슈타인Albert Einstein, 빌 게이츠William H. Gates, 스티븐 잡스Steven Paul Jobs 등 세상은 자신의 분야에서 열정적이고 기질이 강한 사람들이 이끌어왔다고 해도 과언이 아니다. 그런 의미에서 기질이 강한 아이를 둔 부모는 큰 선물을 받은 셈이다.

그렇다고 강한 기질을 가진 아이가 모두 성공하는 것이냐? 그것은 아니다. 성공은 자신의 격렬한 기질을 제대로 잘 발휘한 사람들에게 주어지는 것이다. 그리고 열정적이고 강한 기질의 내 아이가 성공하기 바란다면 부모의 역할이 매우 중요함을 깨달아야 한다.

랄프 로렌Ralph Lauren, 도나 카란Donna Ivy Faske과 함께 미국의 대표적인 패션 디자이너로 이름을 떨치고 있는 캘빈 클라인Calvin Klein도 자녀의 강한 기질을 열정으로 바꿔준 부모가 있었기에 성공할 수 있었다.

기질을 잘 살리면 세계적 인물이 될 수 있다

캘빈 클라인은 어렸을 때부터 섬세하고 예민한 아이였다. 눈앞의 광경이나 소리, 냄새, 감촉 등에 예민하고 감각이 뛰어나 다른 아이들이 놓치는 것을 보고 들었다. 특히 옷에 남다른 관심을 보였는데, 다른 사람의 의상에서 힌트를 얻어 새로운 스타일의 옷을 그리는 것을 좋아했다. 5살 때부터 의상 스케치를 했고, 인형 옷을 만들어 누나에게 선물했다. 초등학교 때부터는 하루도 빠짐없이 머릿속에 떠오르는 디자인을 그렸다고 한다. 그의 이러한 모습을 본 주위 사람들은 "남자답지 못하게 저게 뭐야?", "또래 아이들의 수준과 너무 달라. 뭔가 문제가 있는 것은 아닐까?"하며 이상한 시선으로 보았다.

그렇지만 그의 부모는 달랐다. 캘빈 클라인이 다른 남자 아이들과 달리 집 안에 틀어박혀서 몇 시간씩 인형 옷을 만들거나 여자 옷에 관심을 보여도 꾸짖지 않았다. 오히려 다른 사람들의 시선에 주눅이 들면 용기를 북돋아 주었고, 유명한 디자이너가 되기 위해 파리로 가겠다는 그의 말에 파리로 가는 것만이 훌륭한 디자이너가 되는 길은 아니라며 미국에서 미국 사람들에게 맞는 옷을 만들라고 조언까지 해 주었다. 뿐만 아니라 디자인한 옷을 어떻게 상품으로 만들어 돈을 벌 것인지도 가르쳐 주었다. 캘빈 클라인의 부모는 자신의 자녀가 가지고 있는 기질이 무엇인지를 정확히 파악했고, 그 기질을 살릴 수 있도록 격려와 도움을 아끼지 않았던 것이다.

20세기 과학의 꽃인 양자역학을 재정립한 공로로 노벨물리학상을 수상하고 당대 최고의 물리학자로 손꼽히는 리처드 P. 파인만Richard Phillips Feynman도 그 기질을 잘 살려준 부모님 덕분에 훌륭한 과학자로 성장할 수 있었다.

파인만은 고집이 세고 어떤 일에 집중을 하면 좀처럼 헤어나오지 못하는 아이였다. 그는 흥미를 끄는 것이 있으면 시간가는 줄 모르고 집중했다. 열두 살 무렵, 라디오를 즐겨 듣던 그는 낮에 듣는 것으로 부족해서 자는 동안에도 이어폰을 끼고 살았다. 그리고 듣는 것만으로는 만족하지 않고 벼룩시장에서 낡고 고장난 라디오를 사서 직접 수리를 하거나 이어폰을 확성기에 연결해 마이크를 만들었으며, 마이크와 라디오의 증폭기를 이용하여 집 안에서 방송을 하기도 했다. 뿐만 아니라 다른 사람들의 라디오를 고쳐 주기도 했다. 부모님이 "밥 먹고 해라", "이제 그만하고 자야지"라고 말해도 파인만은 오로지 라디오 수리에만 매달렸다.

한 번은 파인만의 집에 놀러온 어머니의 친구가 라디오를 고치느라 끙끙거리고 있는 파인만을 놀리기 위해 이렇게 말했다.

"파인만, 그만두렴. 그건 어린 네가 고치기에 너무 어려운 일이야."

그러나 파인만은 아랑곳하지 않고 끝까지 원인을 찾아서 라디오를 고치고 말았다. 주변사람들은 한 가지 일에 빠지면 헤어 나오지 못하는 그를 보며 "아이가 너무 한 가지에 집중하는 것이 아니야?", "아이가 원하는 대로 너무 내버려두는 것 아니냐?"며 그의 부모를 염려했지만 파인만의 부모는 오히려 "그게 우리 아이의 가장 큰 장점인 걸요"라고 대답했다.

부모님의 이러한 이해와 배려 덕분에 파인만은 집중력이 뛰어나며 어떤 일에도 포기하지 않는 성인으로 성장했고, 세계 최초로 양자역학을 재정립하여 노벨 물리학상을 수상하게 됐다.

파인만의 부모가 "그만두지 못하겠니?", "공부를 그만큼 했으면 얼마나 좋겠니?"라고 타박하고 그의 행동을 말렸다면 과연 어떻게 됐을까? 아이의 기질을 긍정적으로 받아들이고 그에 맞는 양육을 한 부모가 있었기 때문에 지금의 파인만이 위대한 물리학자로 남아 있을 수 있었던 것이다.

아이의 기질을 열정으로 이끌려면 무엇보다 부모는 아이가 이 세상에, 그것도 나의 품에 온 것을 감사하고 축복으로 여겨야 한다. 물론 아이가 내 기대와 기준에 미치지 못해 힘이 들 때도 있지만 혹독한 겨울 뒤에 오는 봄이 더 따사롭듯이 변화의 시간을 겪고 슬기롭게 이겨나간다면 더 큰 만족과 행복을 느낄 수 있게 될 것이다.

세계의 신화를 만든 인물 뒤에는 아이의 기질을 살리는 데 노력을 아끼지 않았던 부모가 있었음을 잊지 말자. 부모가 어떻게 양육하느냐에 따라 아이 안에 숨어 있는 빛은 찬란히 빛날 수도, 꺼질 수도 있다.

4장

일관성 있는
자녀 교육을 위한
사랑의 원칙

그때그때 돌변하는 아이들

가장 중요한 것은 원칙이다. 원칙이 확고히 세워져 있다면 엄하게 키우든, 자유롭게 키우든 아이는 올바르게 자라날 준비가 되어 있다.

"고슴도치도 자기 새끼는 예쁘다"라는 속담처럼 부모가 자신의 아이를 사랑하는 것은 지극히 당연한 일이다. 아이의 얼굴만 봐도 행복해서 원하는 것이면 무조건 "오냐, 오냐" 하는 예스형 부모도 많다. 물론 아이가 예뻐서이기도 하겠지만 이것이 좋은 부모의 조건이라고 착각하고 있는 경우도 있다.

이런 방임적인 부모는 아이의 감정을 표현하고, 배출·해소할 수 있도록 도와주지만 행동의 방법과 허용치의 범위, 절제력 등을 가르쳐 주지는 못한다. 이러한 양육을 통해 자라온 아이는 본인의 감정을 최우선으로 여기므로 독선적이고, 상대방에게 맞추지 못해 친구를 사귀는 데 어려움을 겪거나 다른 사람과의 계속되는 마찰로 자신감이 없는 아이로 자라기 쉽다. 부모로부터 행동의 한계와 문제를 해결하는 방법을 습득하지 못해 감정조절이 제대로 이루어지지 않아 다른 사람을 배려하지 못하는 경우가 많다.

이와 반대로 자식을 엄하게 키우는 부모도 적지 않다. 아이를 자유롭게 놔두면 버릇이 없어진다는 이유로 아이의 감정을 이해해 주기보다는 명령형의 대화를 통해 아이를 억압한다. 억압적인 교육방식은 아이를 순종적으로 만들 수는 있으나 아이 자신이 부모에게 사랑받지 못한다는 느낌을 받게 되어 자존감이 낮아지게 된다. 뿐만 아니라 강압적으로 억눌려 온 아이는 적절하게 감정을 표현할 줄 몰라 분노를 쌓아가게 되고, 결국 그 분노는 언젠가 폭발해 버린다.

대개의 부모들은 이론적으로나 머리로는 어렴풋하게 이러한 사실을 알고 있기에 나름의 노력을 기울이기는 하지만 상황이나 때에 따라서 다른 양육 방식을 취하는 경우가 많다. 일명 '비일관성'의 양육이다. 사실 이게 가장 문제점으로 작용하는 경우가 많다. 그때그때 돌변하는 야누스적인 부모를 지켜보는 아이의 입장에서는 커다란 혼돈을 느낀다. '내가 잘못을 해서'라기보다는 돌변한 엄마 행동이 자신을 위협한다고 여기기 때문이다.

그때그때 돌변하는 감정기복이 심한 엄마

진영이, 진수 엄마도 그랬다. 개구쟁이 두 아들을 둔 진영이, 진수 엄마는 아이들의 의견을 우선적으로 들어주고자 했으며 인격적으로 대하려고 노력했다. 형제끼리 싸움이 벌어지면 일일이 간섭하기보다는 아이들 스스로 문제를 해결할 수 있도록 배려해 주었다. 이렇게 다정다감하고 이해심 많은 엄마가 무슨 문제로 병원을 찾아왔을까? 처음에는 나도 의아해 했었다.

이상적인 어머니상을 추구했던 그녀에게는 감정기복이 심하다는 약점이 있었다. 자신의 기분에 따라 아이들을 대하는 태도가 확연히 달라졌다. 기분이 나쁘거나 신경이 쓰이는 일이 있으면, "너희들 도대체 왜 그래? 엄마가 어떻게 일일이 다 챙겨주니. 엄마 일 있는 거 빤히 보면서. 너희들이 알아서 잘 해야지!" 이렇게 화를 냈다. 그러다가 감정이 풀리고 나면 "엄마가 아까 화내서 진영이 진수에게 너무 미안해"하면서 언제 그랬냐는 듯 다시 살갑게 대해 주었다. 아이들은 일순간 자신의 잘못을 뉘우치기는 하지만, 그렇다고 잘못된 버릇이나 행동이 고쳐지는 것은 아니었다. 엄마가 일관성 없는 태도로 자식을 대했기 때문이었다.

진영이, 진수 엄마도 인정했다. 항상 감정적으로 일을 처리하고 나면 밀려오는 후회로 또다시 아이들에게 잘해 주려고 노력한다는 것이었다. 다음에 이런 일이 있으면 그때는 '절대 화를 내거나 폭발하지 말고, 차분히 설명하고 이야기하자'를 마음속으로 수십 번 되뇌인다고 한다. 하지만 그 다짐은 또다시 같은 상황에 처하면 순식간에 무너져 자기도 모르게 화를 내고 만다는 것이다. 감정에 금방 휩쓸리는 자제력이 부족한 것이 문제였다.

원칙이 있는 사랑은 일관성 있는 자녀사랑이다

대다수의 부모들은 자녀를 올바르게 키우는 방법에만 많은 고심을 한다. 그러나 방법은 생각만큼 그리 중요하지 않을지도 모른다. 방법은 내·외부적인 요소에 따라서 쉽게 변하기 때문이다. 가장 중요한 것은 바로 '원칙'이다. 원칙이 확고히 세워져 있다면 엄하게 키우든, 자유롭게 키우든, 아이는 올바르게 자라날 준비가 되어 있는 것이다. 그러면 그렇게 중요하다고 말하는 '원칙'은 도대체 무엇일까?

미국의 정신과 의사 포스터 클라인Poster Kline과 교사 짐 페이Jim Fey가 공동 집필한 『사랑과 원칙이 있는 자녀 교육』이라는 지침서에는 자녀 교육의 핵심은 '사랑'이라고 했다. 사랑? 쉽게 수긍되고 이해도 빠른 말이다. 하지만 여기서 제시되는 '사랑'이 그렇게 녹록치 않은 것은 '원칙이 있는 사랑'이라는 조건을 붙여 놓았기 때문이다.

과연 '원칙이 있는 사랑'은 무엇을 말하는 것일까? 원칙이란 '근본이 되는 법칙으로 여러 사물이나 일반 현상에 두루 적용되는 법칙'을 말한다. 원칙은 방법을 지탱해 주는 뼈대이며, 조화와 균형을 의미한다. 따라서 '원칙이 있는 사랑'은 일관성 있는 자녀 사랑을 말한다. 아이의 같은 행동에 때에 따라 다르게 반응할 것이 아니라 어떤 요소의 개입에도 구애받지 않고 한 가지의 반응으로 대하라는 것이다.

간단한 예로 아이가 옷을 더럽혀 왔다고 치자. 전에는 더럽혀진 옷에는 신경도 쓰지 않고 아이를 반겼던 엄마가 오늘은 옷을 더럽혀서 왔다며 마구 화를 낸다. 그럼 아이는 혼란에 빠지게 된다. 아이는 옷을 더럽혀도 되는지, 안 되는지의 명확한 개념을 잡지 못하게 되는 것이다. 따라서 원칙을 정해 놓고 그에 따른 방침에 따르는 것이 반드시 필요하다.

저자는 원칙적 사랑이 자녀가 잘못을 저지르거나 무례를 범했을 때 이를 방치하지 않고 그 결과를 감수할 수 있게 만들어 준다고 했다. 즉, 아이가 잘못에 따른 결과로 겪게 되는 실망과 좌절, 아픔을 인내하고 극복할 수 있도록 하고, 다음부터 같은 잘못을 반복하지 않도록 주의를 기울인다는 것이다.

이처럼 원칙이 있는 교육은 아이 스스로 생각하고 판단할 수 있는 능력을 길러준다. 뿐만 아니라 자신의 판단에 따른 결과를 수습할 줄 아는 책임감 강한 아이로 자라도록 한다. 아이를 건강한 사회인으로 키우고 싶다면 원칙 있는 사랑을 하자. 어떤 양육방식을 택하든 원칙이 관통하고 흐를 때, 아이는 제대로 자라날 것이다.

 원칙 있는 사랑을 위한 엄마의 다짐

1. 일관성 있게 원칙을 지키겠다는 마음가짐을 가져야 한다.
   이것은 일관성을 깨뜨리려는 여러 요인으로부터 보호하는 역할을 하여 원칙을 지속적으로 지켜나가는 힘이 된다.

2. 부모 스스로 자신감을 가져야 한다.
   부모가 자신의 생각이나 의견에 대해 자신이 없으면 원칙을 세울 수도 없고 지켜나가기도 힘들다.

3. 지나친 죄의식은 버려야 한다.
   많은 엄마들이 "시어머니는 제가 아이를 망치고 있대요", "남편은 제가 아이를 엄격하게 대하지 못해서 잘못된 거래요"라며 아이의 모든 잘못이 자신의 책임인 양 생각하는 경우가 있다. 이는 부모와 자식 관계를 '부모 → 자식'으로 보기 때문에 나타나는 잘못된 믿음이다. 부모와 자식은 '부모 ↔ 자식', 즉 서로가 영향을 주고받는 관계이므로 이 점을 받아들여 죄책감에서 벗어나야 한다. 그래야 아이에 대해서 변화하는 감정을 잘 조절할 수 있다.

4. 굳은 결심과 끊임없는 노력이 필요하다.
   아이를 보면 마음이 약해지기 쉽고 여러 장애물에 부딪혀 갈등할 때가 많다. 때문에 마음을 단단히 먹지 않고, 노력하지 않으면 도중에 원칙을 깨뜨리는 일이 벌어진다. 자신의 원칙을 세우고 그 원칙대로 자녀를 교육하려면 그만큼의 수고가 필요한 법이다.

일관성을 깨뜨리는 원인을 찾아라

누가 뭐래도 일관성 있는 교육을 하지 못하는 사람은 엄마 자신이다. 혹시 아이를 혼내고 나서 채 30분도 넘기기 전에 "미안해, 엄마가 잘못 했어"하며 아이에게 잘못을 빌고 있지는 않은가?

맞벌이 가정에서 아이 돌보는 일은 매우 어려운 문제이다. 대부분 맞벌이 가정에서는 아이를 육아시설로 보내거나 주변 사람의 도움을 받는다. 내가 아는 한 맞벌이 가정도 사정은 마찬가지이다. 낮에는 외할머니, 외할아버지가 아이를 돌보고 저녁시간에는 엄마, 아빠가 돌보고 있다. 사정이 이렇다 보니 아이를 돌보는 사람마다 아이를 대하는 방식이 다르다는 점이 문제였다.

외할머니, 외할아버지는 손주를 무척이나 예뻐하시고 무엇이든 오냐오냐 하고 허용해 주셨다. 부모는 이런 점이 걱정되어 아이에게 다소 엄격한 태도를 가진단다. 하지만 할머니, 할아버지가 계실 때 아이를 야단치려 치면 노부모님께서 역성을 드는 바람에 어쩔 수 없이 부모도 끌려가게 된다고 하였다. 그러다가 부모와 있을 때는 작은 일에도 야단을 맞고 지적을 받으니 아이가 몹시 혼란스러워한다는 것이다. 엄마는 외할머니와 외할아버지에게 아이를 너무 잘해 주지 말라고 신신당부를 해 보았지만 외할머니, 외할아버지는 다소 언짢아하실 뿐 행동이 바뀌시지는 않았다고 했다.

연세 드신 분들이 행동 패턴을 바꾸기란 쉽지 않다. 특히 잘못을 꼬집어서 설득하기란 더욱 어렵다. 그러므로 이미 자녀를 키워본 경험이 있는 두 분의 경험을 존중하며 아이의 문제점을 진지하게 이야기 나누는 방법이 효율적이다. 문제점에 대해 공감대가 형성되면 해결방법을 찾는 것은 그리 어렵지 않다.

아이를 양육하는 사람이 여럿이다 보니 양육자마다 서로 다른 방식으로 아이를 다루었다는 점이 문제라는 것에 외할머니, 외할아버지와 의견 일치를 보고, 다함께 모여 일관된 원칙을 정하였다. 어떤 행동은 허용해 줄 것이며, 어떤 행동을 제재하거나 벌을 서게 할 것인지를 아주 구체적으로 정했다고 한다. 그녀 말에 의하면 외할머니, 외할아버지는 여전히 아이에게 관대한 편이시지만 부적절한 행동에 대해서는 이유를 설명하고 정해진 벌을 주기도 하신단다.

그녀의 이야기를 들으면서 나는 그 누구보다 그녀에게 초점이 가 있었다. 다른 사람에게 "이렇게 해 달라"고 부탁하지만 정작 본인은 그것을 지키고 있을까? 누가 뭐래도 일관성 있는 교육을 하지 못하는 것은 엄마 자신이다. 아이에게 엄마는 가장 중요한 사람이고 대개는 아이와 가장 많은 시간을 보내는 사람으로 친밀감이 누구보다 높고, 그 때문에 일관성을 유지하기가 쉽지 않다.

일관성을 깨트리는 원인들

왜 일관성을 유지하기란 그처럼 어려울까? 엄마는 아이에 대해 애정이 남다르다. 아이의 잘못을 바로잡아야 한다는 것은 알지만, 아이가 상처받을까 봐 걱정되어 금세 죄책감에 빠져든다. 아이를 혼내고 나서 채 30분도 넘기기 전에 "미안해, 엄마가 잘못 했어"하며 아이에게 잘못을 빈다. 그러면 아이는 엄마가 스스로를 자책하는 것을 기가 막히게 알아차리게 된다.

엄마의 기분 변화도 문제가 된다. 자신이 편하거나 기분이 좋을 때는 뭐든지 오케이! 떼를 쓰거나 미운 행동을 해도 화를 참지만 피곤하거나 기분이 언짢을 땐 그동안 참아왔던 분노가 일순간에 화산처럼 폭발해 버린다. 아이는 같은 행동을 했는데 어떤 때는 허용되고 어떤 때는 엄마의 엄청난 공격을 받는 것인지 예측하기 힘들고, 자신의 행동기준을 갖기도 무척 힘들다. 그래서 상황에 따라 눈치를 보게 되고 결국 제멋대로인 아이가 되어 버리는 것이다.

또 하나 일관된 교육을 어렵게 하는 것은 '편애'이다. 열 손가락 깨물어서 안 아픈 손가락이 없다지만 사실 덜 아픈 손가락도 있기 마련이다. 조금은 더 사랑스런 아이가 있다는 뜻으로, 부모와 궁합이 맞는 기질인 아이에게는 관대하지만 불만족스러운 아이에게는 호되게 대하는 모순을 보인다.

남을 의식하게 되어 일관성을 못 갖게 되는 경우도 있다. 집에서는 아이가 장난을 치거나 밥투정을 해도 너그럽게 받아주지만 시댁에 가거나 하면 어른들 눈치를 보느라고 야단을 치는 일이 있을 수 있다. 그와는 반대로 집에서는 일관성 있게 제한하던 행동도 공공장소에서는 아이와 실랑이 하는 것이 창피하여 봐주고 넘어가는 경우가 그것이다. 이런 경우 아이들은 가족끼리 있을 때는 순종적이지만 밖에 나가거나 손님이 계시면 말을 더 듣지 않고 떼를 쓰게 된다.

부모들은 이러한 원인들에 영향을 받으면서 아이의 행동에 대해 허용 범위가 커지기도 하고 좁아지기도 한다. 이 원리를 이해하고 슬기롭게 대처한다면 일관된 교육을 하기가 보다 수월할 것이다.

 일관성을 유지하는 효과적인 방법

1. 버릇없는 행동을 할 때는 적극적으로 대처한다.

   엄마들은 대부분 아이가 반항을 하거나 폭력적인 행동을 하면 당황해서 아이의 뜻대로 따라주거나 훈육하기를 아예 포기해 버린다. 이러한 태도는 오히려 아이의 자제심을 떨어뜨리고 난폭한 성향만 높이는 결과를 가져온다. 만약 아이가 문을 쾅 닫는 행동을 했다면 "너의 예의 없는 행동을 도저히 용서할 수 없다"라고 말한 후 아이가 마음을 진정시킬 때까지 외면하자. 이때 아이 스스로 부모의 행동이 모두 자신을 위한 것이라는 점을 깨닫게 만들어야 한다.

2. 죄책감을 버린다.

   아이의 감정을 상하게 하는 것에 죄의식을 느끼는 엄마들도 있다. 행여 내가 주는 벌칙이 아이의 기를 죽이는 것은 아닌가 싶어서 아이를 통제해야 할 상황에도 오히려 아이의 눈치를 본다. 아이들은 누구나 적당한 정도의 통제가 필요하며, 이것이 없으면 아이도 불안해한다.

3. 아이가 불필요한 것을 조를 때는 냉정히 외면한다.

   아이가 소란을 피우는 게 못마땅하고 말다툼하는 게 귀찮아서 마지못해 아이의 부탁을 들어주는 엄마들이 있다. 이런 일이 반복되면 아이는 '조르고 떼쓰면 엄마는 내 말을 들어준다'는 인식을 갖게 되어 더욱 심하게 고집을 부리게 된다. 이럴 때는 인내심을 갖고 아이의 요구와 떼를 무시한다. 어떤 때는 들어주고 어떤 때는 안들어 주었을 때 아이들의 떼는 가장 심해진다. 심지어 늘 요구를 들어주는 경우보다도 더 심하다.

부부간 양육 방침이 부딪힐 때

부부가 함께 아이의 행동에 대응해야 한다고 여기는 사람들은 한쪽이 의견을 포기하는 것이 당연하다고 여긴다. 그렇지만 일관성을 갖기 위해서 한 사람이 일방적으로 포기하는 것은 현명한 방법이 못 된다. 이는 부부 갈등의 또 다른 원인으로 작용하기 때문이다.

아이를 키우다 보면 부부가 아이에 대한 입장 차이가 달라 다투는 경우가 많은데, 이것은 매우 자연스러운 일이다. 그런데 대다수 부모들이 필요 이상으로 이 문제에 대해 고민을 한다.

엄마의 뜻을 꺾고 아빠의 의견을 따르는 원영이 가족

원영이 엄마도 그랬다. 원영이 엄마는 아이가 자유롭게 자라기를 바랐다. 그래서 자주 대화를 나누며 아이의 입장을 존중하려 했다. 하지만 원영이 아빠는 아이를 강하고 엄하게 키워야 한다는 생각을 가지고 있어서 아이의 의견을 무시하고 자신의 말을 따르도록 했다.

아빠는 아이가 잘못을 저지를 때마다 "당신이 애를 너무 오냐오냐 키워서 그래"라고 원영이 엄마를 책망했고, 원영이 엄마는 "애가 그럴 수도 있죠. 아이한테 자꾸 잔소리를 하니까 애가 주눅이 들잖아요"라고 맞대응했다. 부부간의 이런 말다툼은 자주 일어났고, 아이는 그럴 때마다 어쩔 줄 몰라 했다.

엄마는 부부의 입장 차이 때문에 아이에게 좋지 않은 영향을 주지 않을까 걱정이 되었다. 또 가장인 아빠의 뜻에 따르지 않는 자신도 잘못이 있을지도 모른다는 생각을 하게 됐다. 그래서 엄마는 자기의 고집을 꺾고 아빠의 의견에 따르기로 마음을 먹었다. 엄마는 "이제부터 무슨 일이든 아빠 말대로 하렴"이라고 딸에게 넌지시 말했다. 한 번 마음먹은 일이라 엄마는 아빠의 행동이 다소 마음에 들지 않아도 잠자코 있기로 했다.

부부의 의견을 절충한 소영이 가족

또 하나, 11살 소영이네 경우는 이랬다. 엄마는 아이 교육에 대한 욕심이 많아서 학원을 네 개나 보내고 있었다. 그러다 보니 아이는 학교가 끝나면 곧장 학원으로 달려가 밤 9시가 다 되어서야 집에 돌아왔다. 매일 밤 지쳐 있는 소영이를 볼 때마다 아빠는 안쓰러웠고, 소영이 엄마와 그 문제로 다툼이 잦아졌다. 엄마는 힘들더라도 아이의 장래를 위해서는 어쩔 수 없다는 생각이었고, 아빠는 소영이 나이 때는 열심히 뛰어놀아야 한다는 입장이었다. 소영이 엄마는 남편이 세상물정 모른다고 생각했지만, 소영이가 힘들어하는 모습을 보면 자신에게도 문제가 있다는 느낌을 받곤 했다.

그래서 엄마는 자신뿐만 아니라 남편까지도 만족할 수 있도록 학원 수를 반으로 줄이는 절충안을 마련했다. 당연히 소영이의 의견도 수렴하여 원하는 학원만 다닐 수 있도록 하였다. 그랬더니 아이도 예전처럼 힘들어하지 않았고, 그 모습에 아빠도 만족하여 학원 문제 때문에 갈등이 빚

어지는 일은 없어졌다.

한 사람의 일방적 포기는 좋은 해결책이 아니다

부부가 함께 아이의 행동에 대응해야 한다고 여기는 사람들은 원영이 엄마처럼 한쪽이 의견을 포기하는 것이 당연하다고 여긴다. 왜냐하면 교육에는 일관된 원칙이 필요하다고 연신 강조하였기 때문이다. 그렇지만 일관성을 갖기 위해서 한 사람이 일방적으로 포기하는 것은 현명한 방법이 못 된다. 이는 부부 갈등의 또 다른 원인으로 작용하기 때문이다.

원영이 엄마의 경우처럼 자신의 의견은 죽이고 무조건 남편의 의견에 따르게 되면 자신의 감정에 솔직하지 않기 때문에 불만이 쌓이게 된다. 또한 남편에게 속한 나약한 존재로 여겨져 자괴감과 우울증에 빠지기 쉽다. 이런 부모의 모습을 지켜보는 아이에게도 좋지 못한 영향을 주게 된다. 따라서 원만한 부부관계와 좋은 부모 역할을 위해서는 오히려 각자의 입장을 유지하는 것이 바람직하다.

대신 소영이네처럼 서로의 입장을 존중하는 모습을 아이에게 비춰주고, 충분한 대화를 통해서 두 사람이 만족할 수 있는 합일점을 찾아내는 것이 현명한 해결 방법이라 하겠다. 이를 통해 아이도 상대방의 의견을 존중하는 배려심과 갈등을 해결하는 절충법도 자연스레 익히는 것이다.

 부부가 함께 가져야 할 양육의 원칙

1. 자녀 양육에 있어서도 부부간의 대화는 반드시 필요하다.
   자녀 앞에서 의견의 대립을 보이거나 상대를 비난하지 말자. 부모는 적당한 권위를 가져야 하는데, 부모가 서로를 비난하게 되면 부모로서의 권위를 스스로 실추시키게 된다. 부모의 권위는 부부가 서로 도우면서 유지하여야 하므로 서로 비난하지 말고 부부만의 대화 시간을 충분히 갖자. 서로 시간이 없어 불만을 참고 있다 보면 문제가 곪아 터지게 되므로 시간이 없는 부부는 서로 메모 교환장을 가져 보는 것도 좋다. 그래서 상대가 어떤 생각이나 감정 상태인지 알고 시급한 문제는 곪기 전에 해결해야 한다.

2. 부부만의 '대화 상자'를 만들어 의견을 교환하자.

아무리 생각이 비슷한 부부라도 아이의 행동에 대한 대처 방식에 있어서는 다를 수 있다. 그때그때 대화할 시간이 없고 막상 대화 시간을 가지면 당시 상황이 기억나지 않아 겉도는 얘기만 할 수도 있으니 일이 있을 때마다 간단히 메모하여 부부만의 박스에 넣는다. 그러면 정기적인 부부 대화 시간에 구체적인 대화를 나눌 수 있다.

3. 정기적으로 가족회의 시간을 갖자.

충분히 각자의 의견을 피력하고, 설득하고 타협하는 시간이 필요하지만 중요한 사항은 부모가 리더십을 가지고 가족 개개인의 의견을 충분히 수렴하여 결정하도록 한다.

해결해 주지 말고 도와주어라

엄마들은 아이가 자기에게 의지하는 느낌을 좋아한다. 부모로서의 역할을 충분히 해
내고 있다는 자긍심과 만족감을 동시에 느끼게 해 주기 때문이다. 하지만 이런 뿌듯함
은 곧 피곤함으로 다가올 것이다. 아이를 키우며 생기는 끊임없는 문제를 늘 해결해
주어야 하기 때문이다.

엄마라면 누구나 아이가 곤란한 상황에 처하면 마음이 편치 않다. '내
가 도와줘야 하는 것은 아닐까?' 라며 가슴을 졸이게 되는데, 무조건적인
도움은 오히려 아이에게 해가 된다.

도울 때와 돕지 아니할 때

도움도 잘 판단해서 주어야 한다. 언제 도움을 주어야 할지, 또 어느
정도 관여해야 할지를 잘 판단하는 것은 매우 중요한 문제다. 장기적인
안목으로 본다면 아이가 자신의 문제를 스스로 해결할 수 있도록 돕지
않는 것도 효과적이다. 부모가 돕는 데에는 한계가 있고, 문제를 대신 해
결해 주려고 하다가 그것이 결과적으로 잘못되면 부모는 죄책감에 빠지
기 쉽기 때문이다. 또한 아이도 부모를 불신하는 경향이 생기기도 한다.

돕지 말라고 해서 정말 아이가 감정적으로 절실히 필요할 때까지 외면해 버리면 더 큰 문제가 야기된다. 때문에 아이에게 도움을 줘야 할 때와 도움을 주지 않아도 될 때를 잘 가려야 하며, 도움의 수위 조절도 필요하다.

과연 도움의 유무 판단은 어떻게 해야 할까? 아이에게 도움이 필요한가, 아닌가는 문제가 누구에게 속해 있느냐에 따라 판단할 수 있다. 문제를 아이가 소유하고 있다면 엄마는 도움을 주지 않아도 되고, 반대로 문제가 부모에게 있다면 도와줘야 한다.

예를 들어 아이가 숙제가 너무 어렵다며 불만을 터트린다면 이것은 아이에게 문제가 있는 경우이다. 아이가 스스로의 욕구가 충족되지 않아 불만을 느끼는 것이므로 엄마는 아이의 일에 관여하지 않고 스스로 해결할 수 있도록 내버려둬야 한다. 반대로 부모가 급하게 나갈 일이 있어 서두르는데 아이가 꾸물거리는 경우에는 부모에게 문제가 있는 경우이다. 빨리 준비해서 나가야 하는 엄마의 욕구를 아이가 방해하고 있는 것이므로 "빨리 서두르지 못하겠니?"라고 아이에게 일을 맡겨 버리면 안 된다. 이때는 엄마가 아이에게 도움을 주어 문제를 해결할 수 있도록 해야 한다.

아이가 욕을 하거나 때릴 때도 마찬가지이다. 엄마는 아이가 욕설이나 폭력적인 행동을 하지 않도록 도와야 한다. 이렇게 문제가 어느 쪽에 기울어 있느냐를 파악하고 그에 맞게 '나서기와 물러서기'를 잘하면 아이의 행동은 달라진다.

아이의 문제를 자신의 문제로 여기는 엄마들

7살 진표 엄마도 그러한 경험을 한 적이 있다. 그녀는 '부모는 아이에게 문제가 생기면 무엇이든 해결해 줘야 하는 존재'라고 생각하며 살았던 지극히 평범한 엄마였다. 그래서 아주 사소한 일도 진표를 대신해서 해결해 주곤 했다. 세수하기를 비롯하여 옷 갈아 입히기, 가방 챙겨주기 등 아이의 문제를 자신의 것으로 여겼다.

그 때문인지 진표는 어떤 일을 하더라도 엄마의 의견을 물었고, 엄마는 그런 진표의 행동이 착한 아이로 자라고 있는 증거로 보았다. 가끔 그녀가 지칠 때면 "네 힘으로 해결해 보렴"하고 말하고 싶었지만 결국 아이에게 문제해결을 맡기지는 않았다. 결과적으로 진표는 상당히 의존적인 아이가 되어 있었다.

엄마는 자신의 행동이 문제가 있다는 것을 알지만 아이가 하는 것을 지켜보고 있자면 마음이 조급해지고 답답함을 느껴 기다릴 수가 없다고 했다. 상담을 통해 무의식중에 아이를 믿지 못하고 아이를 '무능한 존재'로 보고 있는 자신을 발견했다. 결국 아이를 그렇게 보고 있는 것은 엄마 자신의 문제임을 깨닫고, 아이에게 스스로 해결할 수 있는 기회를 주기로 했다. 이를 위해 그녀가 선택한 방법은 아이에게서 한걸음 뒤로 물러나는 것이었다. 이는 엄마 자신과의 싸움이었다.

당시 진표는 한 친구에게 따돌림을 당하고 있었다. 엄마는 상처받은 아이의 마음을 다독여 준 후, 친구와 있었던 일을 되짚어보도록 했다. 그러면서 아이는 스스로 문제의 원인을 찾고 해결할 수 있었다. 사건의 인과관계를 찾아낸 거다. 친구가 자신을 따돌린 이유가 놀이터에서 그네를 독차지했던 자신에게 있다는 것을 알아냈다. 그러고는 그네를 더 타고 싶은 마음이 간절해도 어느 정도 타고 나면 그 친구에게 양보했어야 했다고 했다. 그 결과 진표와 그 아이는 둘도 없는 친구 사이가 되었다. 만일 엄마가 문제의 원인을 일방적으로 찾아 주었다면 진표는 과연 그 해석을 받아들였을까? 아마도 "엄마는 맨날 나만 가지고 뭐라고 해", "엄마는 내 편이 아니라 친구 편이야"라고 했을 것이다. 일단 이런 생각이

들면 엄마가 아무리 도움이 되는 조언을 해 줘도 아이는 받아들이지 못한다. 당연히 이후의 행동도 변화하지 못하게 된다.

엄마는 이 경험을 통해 아이는 스스로 자신의 문제를 해결할 수 있는 능력을 가지고 있으며, 이제까지 아이에게 너무 일방적으로 자신의 해결법을 강요했던 것은 아닌가 하는 반성을 했다고 한다.

문제의 원인을 깨닫게 하는 물수제비식 도움

진표 엄마의 말처럼 아이는 스스로 문제를 해결할 수 있는 능력을 가지고 태어났다. 다만, 부모들이 그 부분을 인정 안 하는 것뿐이다. 아이는 태어나면서 기고, 서고, 걷게 되기까지 부모가 알지 못하는 많은 문제와 부딪히게 된다. 본능적으로 그 문제를 해결하면서 기고, 서고, 걷게 되는 것이다. 아이는 성장하면서 더욱 많은 문제에 부딪히게 된다. 그 많은 아이의 문제들을 부모가 모두 책임진다는 것은 부모 자신에게도 어마어마한 짐이 될 뿐더러 고달픈 일이다.

또, 부모가 알아서 문제를 해결해 주면 아이는 '엄마는 문제 해결사'라고 인식하여 의존적이고 나약하게 자란다. 엄마는 아이의 모든 문제를 해결해 줘야 한다는 강박관념에서 벗어나야 한다. 부득이하게 아이를 도와야 할 때에는 도움의 수위를 조절해야 한다. 완전한 문제 해결이 아닌, 문제의 원인을 깨닫게 하는 '물수제비식' 도움을 적용해야 한다. 물 위를 살짝 튕기는 물수제비의 모습처럼 엄마도 아이 문제에 대해 '왜 그렇게 되었을까?' 식의 가벼운 질문형으로 문제에 대해 근본적인 통찰을 할 수 있도록 해 준다. 그렇다면 아이는 성찰을 통해 자연스럽게 문제의 본원에 접근하여 해결의 실마리를 발견할 것이다.

아이는 당신의 생각 이상으로 탁월한 '문제 해결사'이며 '협상가'이다.

부모는 아이가 제 능력을 발휘할 수 있도록 이끌어 주기만 하면 된다.

 아이 스스로 문제를 해결하도록 하는 방법

1. 당신의 자녀를 믿어라.

아이는 부모가 믿는 대로 자란다. 부모가 아이를 못미더워 하면 아이도 자신을 믿지 못하고 자신감이 없으며, 스스로 문제를 해결하지 못하고 의존적이 된다. 반면 아이를 믿고 기다려 주면 아이는 좌절도 겪고 시행착오도 겪으면서 대부분의 문제를 스스로 해결한다. 아이는 좌절에 대한 인내력도 생기고 스스로 해결하는 기쁨과 자신감을 얻게 된다.

2. 아이가 겪은 마음의 상처는 함께 해결하라.

상처받은 아이는 스스로 설 힘이 없다. 마음의 상처에 매몰되어 상황을 객관적이고 현실적으로 보지 못한다. 상처로 인해 주관적이고 감정적인 판단을 하게 되고 결국 문제를 제대로 해결할 수 없게 된다. 부정적인 감정은 이해받고 공감 받으면서 해소된다. 부정적인 감정을 혼자서 해결하라고 하는 것은 어리석은 일이다. 부정적인 감정을 표현하여 도움을 받도록 하고, 그 감정이 정당함을 인정받는 것은 아이의 자존감을 높여준다.

3. 해결 방법은 아이가 주도적으로 찾게 하라.

감정이 해결되면 아이는 상황을 객관적으로 보게 되고 그러면 자연히 해결방법이 떠오르게 된다. 아이가 가능한 다양한 방법을 찾도록 격려하고, 부모는 진지하게 들어주면 되는 것이다. 여러 방법 중에 가장 좋은 방법은 역시 아이 스스로 선택하게 하는 것이다.

자녀를 올바르게 키우는 열쇠, 대화습관

아이에게 말하기 전에 아이의 말을 먼저 들어라. 아이의 말이 다소 어설프고 어눌하게 보일지라도 그 말 속에 자녀를 올바르게 키울 수 있는 답이 들어 있다.

아이의 말을 귀담아 들을 줄 아는 것이 민주적인 부모의 조건이다. 바로 이것이 아이의 의사를 수용할 줄 아는 자세를 만드는 것이다. 대다수 부모들은 아이의 말을 잘 귀담아 듣고 있다고 자신한다. 과연 그럴까?

아이의 말을 잘 들어주는 '벙어리 부모'

우리나라 사람들은 들어주는 것에 인색하다. 뭐가 그리 급한지 상대방의 말꼬리를 잘라먹고 자신의 이야기로 넘어가는 일이 다반사다. 오죽하면 "한국말은 끝까지 들어봐야 한다"라는 말이 생겼을까. 그렇지만 사람들은 상대방이 서두를 시작하면 자신은 상대방의 이야기를 경청했다고 착각한다. 결국 끝까지 듣기도 전에 자기 의사를 펼치는 데도 말이다.

부모도 마찬가지이다. 아이에게 어떤 문제가 발생하면 부모는 아이의 말이 끝나기도 전에 본인의 생각을 내세우거나 설교를 늘어놓는다. 그도 그럴 것이 본인들도 자기 부모로부터 충고와 해결책을 제시받아왔기 때문에 보다 나은 방법을 배울 기회가 없었던 것이다. 그래서 같은 방식으로 자녀를 교육하려 하는 것이며, 엄마의 입장에서는 해결책을 제시해 주어 아이의 근심을 빨리 덜어내 주고픈 마음 씀씀이인 것이다.

실제로 아이가 공부를 하지 않겠다고 했을 때 부모들의 90% 이상은 명령하고, 설교하고, 충고를 하다가 비판, 조롱을 하기도 하면서 자기 식으로 문제의 실마리를 풀어가려고 한다. 아이가 그러한 결론을 내리게 된 동기와 이유를 들어 보기도 전에 말이다.

비록 부모의 행동이 아이의 고민을 덜어 주고자 하는 호의적인 목적이 있더라도 이 같은 부모의 반응은 아이에게 미리부터 대화를 단절하는 듯한 인상을 심어 놓는다. 이것이 반복되다 보면 아이는 반항심을 키우고, 열등감과 죄책감을 맛보며 자기는 이해받지도 못하는 외면받는 존재라고 여기게 된다. 이 같은 불상사를 피하기 위해서는 부모는 입에 마스크를 착용할 필요가 있다.

아이의 말은 문장의 조합이 서툴러 이해가 어렵고, 호흡이 짧고 더뎌서 몇 번 고개를 끄덕여야 겨우 끝맺음을 할 수 있다. "어, 그래서~, 그런데에 (큰 숨~) 그래서~ 그런 거야." 아이의 말을 듣기 위해서는 약간의 인내가 필요하다. 성격이 급한 엄마는 "~해서 그랬다는 거지?"하고 아이의 말을 다 듣기도 전에 미리 결론지어 버린다. 당연히 아이는 다음 할 말을 잃게 된다. 되도록 급한 상황이 아니라면 아이가 말을 하고 있을 때는 벙어리가 되어보자. 잘 들어주기만 하는 행위는 말보다 강력한 메시지를 전달할 수 있다.

"오오라, 네가 ~하게 느끼는 구나."

"엄마는 네가 무엇을 느끼는지 알고 싶단다."

"엄마는 네가 알아서 문제를 해결하리라는 것을 믿어."

이런 식으로 느낌을 아이에게 전달해서 자신이 아이를 신뢰하고 있음을 표현하자.

아이의 말에 공감을 표현하는 '능동적인 듣기'

그렇다고 무조건 입을 꼭 다물고 듣기만 해서도 안 된다. 아이가 마음 속의 얘기를 털어놓을 때 "엄마는 네 얘기에 정말 관심을 가지고 있단 다"는 느낌도 함께 전달해야 한다. 그 느낌을 전달하는 가장 좋은 수단 은 바로 '맞장구'이다. 고개를 끄덕여도 좋고, 미소를 지어줘도 좋고, 자 세를 바꿔도 좋고, "응, 그렇구나"라고 간단하게 응수를 해도 좋다. 아이 는 이러한 작은 액션에 부모로부터 관심과 사랑을 받고 있으며 자신의 이야기가 받아들여지고 있다는 느낌을 받는다. 수동적으로 말을 듣는 것 을 넘어서 아이의 말에 공감 형성의 표현을 겸하는 듣기를 '능동적인 듣 기'라고 한다.

아이: 엄마, 저 내일부터 놀이터에 안 갈래요.

엄마: 놀이터에서 무슨 일이 있었니?

아이: 예. 친구들이 저하고 놀아주지 않았어요.

엄마: 친구들이 너와 놀아주지 않아 많이 속상했겠구나.

아이: 네. 오늘 친구들이 모두 저를 모른 척 했어요.

엄마: 왜 친구들이 너를 모른 척 했을까?

아이: 사실, 전에 제가 친구들을 무시한 적이 있었거든요.

능동적인 듣기란 예문과 같이 엄마가 자신의 메시지를 보내는 것을 자제하고, 아이의 메시지를 해독하여 그대로 피드백을 해 주는 것을 말한다. 능동적인 듣기가 아이와의 의사소통에 효과가 있는 것은 엄마가 자신이 보낸 메시지를 정확하게 이해하고 있는지를 확인받을 수 있고, 그를 통해 엄마는 아이가 느끼는 감정의 실체를 들여다볼 수 있기 때문이다. 이를테면 아이는 화가 나 있을 때 "정말 기분이 나빠요", "나 화났어요"라는 등의 친절한 표현보다는 "나, 그것 싫어", "안 먹을 거야", "엄마 싫어"라는 식으로 암호처럼 감정 표현을 한다. 즉, 엄마가 아이의 상황에 대해 추측하거나 추론하지 않으면 안 되는 말을 하는 것이다. 이럴 땐 해석하는 과정이 필요한데, 능동적인 듣기는 바로 이 과정을 도와주는 역할을 한다.

아이가 '화가 나서' 우유를 먹기 싫다고 했을 때, 엄마는 '우유를 좋아하지 않는구나', '다른 음식을 먹기를 원하는구나'라는 식으로 해석할 수도 있다. 이렇게 아이의 메시지를 잘못 해석했을 경우 아이는 "아니요", "그렇지 않아요"라는 부정적인 대답을 먼저 알게 된다. 그러므로 아이가 "응", "맞아요", "그래요" 등의 긍정적인 대답을 할 수 있도록 정확하게 해석해야 하는 것이다.

아이가 "엄마, 미워"라고 했다면 아이는 정말 엄마가 싫어서가 아니라 엄마가 자기 부탁을 들어주지 않았거나 약속을 지키지 않았거나, 같이 놀아주지 않아서 그러한 말을 했을 가능성이 크다. 엄마는 이러한 아이의 메시지를 정확하게 읽어 아이의 감정에 답해야 한다. 그래서 능동적인 듣기가 꼭 필요한 것이다. 능동적인 듣기는 아이가 무엇을 느끼고 있는지 정확하게 파악할 수 있도록 해 주기 때문이다.

'엄마가 내 말을 들어주고 있다'는 느낌만으로 아이는 긍정적인 변화를 일으킨다. 아이도 슬프고, 외로워하고, 상처를 입는 한 인간이기 때문에 다른 사람에게 인정받는 느낌을 받으면 편안함과 안락함 그리고 만족감을 느끼게 된다.

당신은 아이 말을 끝까지 듣고 있는가?

감정 표현이 분명한 성인들도 상대와의 감정 교류에는 어려움을 겪는다. 하물며 말도 분명하지 않고, 자신이 느끼는 감정조차 무엇인지 깨닫는데 오래 걸리는 아이는 어떻겠는가. 아이는 부모와 얘기를 나누면서 자신의 감정을 직접적으로 내보이지 않는다. 무엇을 하고자 하는 '행동'을 통해서 의사가 표현된다. 따라서 엄마는 아이가 어떤 얘기를 꺼냈을 때 성급하게 조언을 하려고 하기보다는 아이의 말을 끝까지 듣는 요령이 필요하다.

내 말에 귀 기울이고 있는 사람이 있는 것은 참으로 기분 좋은 일이다. 상대에게 인정받고 있다는 느낌 외에 유대감이 생겨 각별한 사이가 된 것 같기 때문이다. 마치 서로의 비밀을 공유한 사람끼리의 은밀한 친근감처럼 말이다.

아이에게 말하기 전에 아이의 말을 먼저 들어라. 아이의 말이 다소 어설프고 어눌해 보일지라도 그 말 속에 자녀를 올바르게 키울 수 있는 답이 들어 있다. 만약 아이의 말을 가로막거나 귀 기울여 듣지 않는다면 부모와 아이 사이에 벽이 생기게 되며, 그것은 쉽게 무너지지 않을 것이다.

1. 명령 · 지시형

"하지 마", "숙제해라" 등의 '~지마', '~해라'의 윽박지르는 말.

2. 설교 · 훈계형

"이렇게 하면 못 써", "이런 상황에 이래야만 옳다" 등의 일방적인 강요의 말.

3. 비판 · 비난형

"그렇게밖에 못 하니?", "왜 애가 그 모양이니?" 등의 폄하하는 말.

4. 경고 · 위협형

"자꾸 그렇게 해 봐. 가만 안 둘 테니까", "셋 셀 동안 그만두지 않으면 화 낼 거야" 등의 강압적인 말.

5. 탐색 · 신문형

"네가 무슨 짓을 했는지 알고 있어?", "누가 그렇게 버릇없이 행동하라고 했어", "어쩌자고 그런 짓을 했니?" 등의 나무라는 말.

6. 창피 · 조롱형

"너 때문에 동네 창피해서 고개를 들 수가 없다", "이 세상에 이렇게 한심 한 애는 너밖에 없을 거다" 등의 조롱 섞인 말.

아이의 변화를 이끌어 내는
'나 메시지' 대화법

엄마는 아이를 한 인간으로 봐야 한다. 아이와의 사이에서 일어나는 일도 다른 인간관계에서 따르는 원칙을 적용해야 한다. 그것만으로도 놀라운 변화가 생길 것이다.

자신을 비하하거나 비판하는 말을 들으면 누구나 상처를 받고, 상대와 좋은 관계를 유지하기 힘들다는 것을 다들 잘 알고 있을 것이다. 그런데 이상하게 엄마들은 아이는 상처받지도 않고, 관계의 문제도 생기지 않을 것이라고 생각한다. 심지어 아이가 올바르게 자라기 위해서는 비판적인 말을 해야 하며, 그것이 의무라고까지 말한다. 과연 그럴까?

친구 관계, 부부 관계, 사제 관계, 교우 관계 등 모든 인간관계와 마찬가지로 부모와 자식 사이도 여타의 인간관계에 적용되는 원칙을 유지해야 한다. 남에게 상처를 주는 말은 아이에게도 상처가 되고 아픔이 된다는 것을 잊으면 안 된다.

그런데도 부모가 아이에게 상처 주는 말이나 행동을 하는 데 어려움을 느끼지 못하는 이유는 바로 탯줄적 관계 때문이다. 엄마는 자신의 뱃속에서 자랐던 아이를 다른 인격체가 아닌 '특수한 존재'로 본다. 한 몸이었던 그들의 관계에 집착해서 아이는 자신의 일부에서 떼어진 존재며 유기적인 공감대가 있을 것이라 착각한다. 가까운 사람일수록 함부로 대하는 우리네 안 좋은 습성이 여기에도 고스란히 반영되는 것이다.

친구들에게만 관대한 엄마

병원을 찾은 11살 유진이는 어렸을 때부터 조금만 실수를 하거나 잘못을 저지르면 어김없이 엄마의 꾸지람을 들어야 했다. "왜 그렇게 덤벙대니?", "넌 도대체 잘 하는 게 뭐가 있니?", "왜 내가 널 낳아서 이 고생을 하는지 모르겠다" 등 엄마는 자주 아이를 비하하고 비판하는 말을 했다. 그때마다 유진이는 상처를 받았고 '그래, 난 엄마에게 아무 도움이 안 되는 아이야'라고 인식해 버렸다. 게다가 엄마에 대한 심한 거부감을 느끼고 있었다.

이런 유진이와는 달리 유진이 엄마는 유진이 친구들에게 인기가 좋았다. 자신의 엄마와 달리 어떤 잘못을 해도 "애들은 그러면서 크는 거야"라며 너그럽게 용서해 주었기 때문이다. 유진이는 그 모습을 보면서 '엄마는 나만 미워해', '엄마가 싫어'라는 적개심을 품게 되었다. 그러니 유진이와 엄마의 관계는 자연히 나빠질 수밖에 없었고, 유진이는 마음속에 심한 공격성이 생겨나 화가 나면 엄마를 향해 욕을 하고 때리기도 했다.

마음을 전달하는 '나 메시지' 대화법

엄마는 아이를 한 인간으로 봐야 한다. 아이와의 사이에서 일어나는 일도 다른 인간관계에서 따르는 원칙을 적용해야 한다. 그러면 그것만으로도 놀라운 변화를 경험하게 될 것이다.

아이가 인간적으로 대우받는다는 느낌은 사실 단순하다. 가령, 다른 사람에게 자기의 단점이나 속내를 털어놓으면, 그 사람은 진실로 자신의 이야기에 귀를 기울이고 도와주려고 노력한다. 그럴 때 사람들은 도움을 주는 쪽도, 받는 쪽도 모두 존중받았다고 느낀다. 이와 같이 엄마도 아이에게 자신의 솔직한 감정이나 느낌을 얘기하면 그제서야 둘의 관계는 깊은 연대 의식을 갖게 되는 것이다.

이를 실천하는 좋은 방법 중의 하나가 '너 메시지'가 아닌 '나 메시지' 대화법이다. 엄마가 아이에게 이야기를 할 때 "(너) 이것밖에 못하니?", "도대체 왜 이러니?", "(너) 당장 그만둬" "(너) 이거 해라"라는 식의 표현은 '너'라는 메시지가 은연중에 들어가 있다.

이 메시지는 아이의 행동을 일방적으로 지적하는 것이어서 메시지를 보내면 아이는 비난을 받고, 야단을 맞고, 명령을 받고, 심문을 당하고, 경고를 받는다고 느낀다. 엄마에게 무시당한다는 생각이 강해 반발심이 생기고, 화를 내게 되는 것이다.

말을 조금만 바꾸어 보자. "엄마는 ~이 걱정이 되는구나", "~해서 엄마 마음이 많이 아팠단다"라는 식으로 아이의 행동이 부모에게 어떤 느낌을 주는지, 그리고 그것이 부모에게 어떤 영향을 미치는지 아이에게 전달해 보자. 이것이 바로 '나 메시지' 대화법이다.

아이의 행동이 엄마에게 어떤 작용을 하는지 알려주어서 엄마가 그만큼 자신에게 관심을 기울이고 있다는 것을 깨닫게 해야 한다. 그러면 엄마의 마음을 충분히 전달받은 아이는 엄마를 이해하기 쉬워지고, 엄마의 입장에서 생각해 보려고 노력하게 된다. 엄마가 보기에 위험해 보이거나 그릇된 행동을 하지 않기 위해 스스로 자제력을 갖춰 나간다. 이러한 작은 변화들이 쌓여 아이는 점점 주체성 있는 사람으로 자라게 되는 것이다.

 자녀가 존중받고 있다고 느끼게 해 주는 방법

1. 아이의 감정을 읽어 줘라.

   아이가 부정적인 감정을 표현할 때가 아이와 친밀해질 수 있는 절호의 기회라고 생각하고, 아이의 미묘한 감정의 변화도 민감하게 포착하라. 아이의 감정을 소중히 여기고, 아이의 감정에 '이름'을 붙여 줘라.

2. 가르치기 전에 공감해 줘라.

   문제가 있을 때 먼저 '문제 해결'이라는 목표보다는 아이와 감정을 공유하는 과정을 중시하라. 감정을 공감 받은 아이는 자신의 감정이 소중하며 존중받는다고 느끼게 되어 자존감이 높아진다. 부모로부터 감정을 공감 받고 부정적인 감정이 해소된 아이는 부모가 가르치기 전에 해결 방법을 스스로 찾는다.

3. 해결 방법은 아이와 함께 찾아라.

   부모는 아이에게 문제해결 방법을 가르치는 것보다는 아이가 해결 방법을 찾아갈 수 있도록 가이드해 주면 된다. 아이와 함께 어떤 상황에 대처할 수 있는 여러 행동의 옵션을 브레인스토밍하고 각각의 장단점을 비교하며, 다양한 방법을 찾아보고, 아이가 선택하게 한다. 아이가 주도적으로 방법을 생각해 내면 실천하기도 그만큼 쉬워진다.

분노를 다스릴 줄 아는 부모되기

왜 정원의 식물에게는 물을 주고 꽃이 피기를 기다리면서 내 아이는 꽃부터 피우기를
바라고 있는가. 모든 결과는 과정을 가지고 있다.

종종 자신의 감정을 억제하지 못하고 아이에게 화를 푸는 부모들이 있
다. 아이에게 화를 내서는 안 된다는 것을 잘 알면서도 순간적으로 감정
을 억누르지 못해 자신도 모르게 소리를 지르게 된다.

사실, 부모도 사람인지라 기분이 좋지 않거나 자존심이 상하면 감정의
절제가 어렵다. 부모가 아이에게만 인격적인 모욕을 줄 수 있는 것이 아
니라 아이도 부모에게 인격적인 모욕을 줄 수 있다. 상대에 대한 모욕은
어른, 아이 상관없이 모두에게 큰 상처가 된다. 부모가 아이에게 이런 느
낌을 받아서 화를 냈다면 그것에 대해 지나치게 죄책감을 가질 필요는
없다. 다만, 우리가 감정적인 대응을 지양하는 것은 분노가 문제를 해결
해 주지 못할 뿐더러, 부모, 자녀 모두에게 전혀 도움이 되지 않기 때문
이다. 따라서 자제하려는 노력을 기울여야 한다.

분노의 원인들

자신의 분노를 억제하려면 어느 경우에 감정 절제가 힘든지를 알아야 한다. 대다수 엄마들은 자신이 아이에게 무시 받는다고 느낄 때 분노를 느낀다. 즉, 자신의 지시에 아이가 순종하지 않고 반항하면 부모의 자존심에 상처를 입는다는 것이다. 그런 경우에 '도대체 아이가 나를 어떻게 생각할까? 내가 엄마이기는 한가?' 혹은 '지금 나를 무시하고 있지는 않은가?'라는 의심이 생겨 화를 내는 것이다.

아이를 불렀는데 아무 대답도 돌아오지 않는 경우가 종종 있다. 아이는 단지 다른 곳에 정신이 빼앗겨 부르는 소리를 듣지 못했을 뿐이었다. 그런데 엄마는 아이가 자신을 골탕 먹이려 하거나 무시하고 있다고 부정적으로 받아들여 감정을 제어할 수 없는 상태에 이른다.

아이를 강제로 다루려는 엄마의 행동이 오히려 자신의 분노 원인이 되기도 한다. "하루에 꼭 두 시간은 공부를 해야 해"라는 규칙을 아이에게 만들어 준 엄마가 있다. 그 규칙은 엄마의 의식 속에도 자리 잡아 아이가 꼭 두 시간은 공부해야 한다는 강박관념에 사로잡히게 된다. 따라서 아이가 이를 조금이라도 어길 시에는 화를 내게 되는 것이다. 이러한 일이 지속되면 아이는 물론 엄마도 융통성이 사라지고 편협해져서 마음의 여유를 잃고 쉽게 감정적이 될 수밖에 없다.

가장 근본적인 원인, 조급함

무엇보다 근본적인 원인은 조급한 부모들의 마음이다. 자녀 교육을 위해서는 기다릴 줄 아는 여유와 인내가 필요한데 조급한 부모들은 지시하고 명령한 것들이 바로 효과를 볼 수 있기 원한다. 따라서 교육의 효과가 바로 나타나지 않을 시에는 답답하여 짜증을 내게 된다.

안타까운 점은 어린 자녀들은 이런 원칙이 왜 지켜져야 하는지도 모르고, 곧바로 수행할 수 있는 능력도 부족한 상태라는 것이다. 조급한 교육은 일시적 효과를 볼 수 있지만 장기적으로 볼 때에는 임기응변에 불과하다. 처음 부모의 기대심리로 아이는 교육의 효과를 보여주지만 빠르게 진행되는 속도감과 부모의 기대감 때문에 점점 흥미를 잃고 부담감을 가지게 된다. 왜 정원의 식물에게는 물을 주고 꽃이 피기를 기다리면서 내 자녀는 꽃부터 피우기를 바라고 있는가.

모든 결과는 과정을 가지고 있다. 끊임없는 반복과 훈련, 그리고 기다리고 인내할 수 있을 때 진정한 교육의 효과를 기대할 수 있는 것이다. 엄마의 분노는 가정의 화목을 깨뜨리고 아이와의 좋은 관계를 한꺼번에 무너뜨릴 수도 있다. 그래서 몇몇 엄마들은 아이가 상처를 받을까 봐, 자신을 무섭고 두려운 존재로 여기게 될까 봐, 두려운 마음에 제대로 꾸중 한 번 못하겠다고 하소연하기도 한다.

물론 가급적이면 화를 내지 않는 것이 좋지만 아이가 잘못을 했을 때는 엄하게 가르칠 줄도 알아야 한다. '아이가 상처받지 않을까?', '아이가 나를 싫어하지 않을까?' 하는 걱정 때문에 아이의 그릇된 행동을 보고도 모른 척하거나 교정을 미루면, 현재가 아닌 그 아이의 미래가 그릇되는 것이다. 아이가 바르게 자라기를 바란다면 옳은 일을 할 때에는 칭찬을 하고, 옳지 않은 일을 할 때에는 엄하게 꾸짖어라.

나쁜 버릇을 변화시키는 꾸중의 원칙

"아이들은 훈육이 필요하다"는 사실을 내세워 권위를 사용하는 것을 정당화하려는 엄마들이 있다. 그러나 아이는 부모가 일방적으로 자신의 행동을 통제하는 것을 싫어한다. 이 상반된 입장 때문에 대립이 생기는 것이다.

엄마들에게 인기가 많았던 모 프로그램에 5살짜리 '예빈'이라는 여자아이가 나온 적이 있었다. 예빈이는 할아버지와 할머니와 떨어지기를 무척 싫어했고, 자신의 요구를 들어주지 않으면 오랜 시간 떼를 쓰며 울어댔다. 할머니, 할아버지의 바짓자락을 붙잡고 악을 쓰기도 하고, 어른을 때리기도 하면서 자신의 굽히지 않는 의사를 표현했다. 또 다른 사람의 물건을 내 것처럼 생각했고, 마음에 드는 물건은 무조건 자기 것으로 만들려고 했다.

이런 예빈이의 행동 원인을 밝히기 위해 제작진은 며칠 동안 CCTV로 예빈이의 행동을 관찰하였다. 그 결과 예빈이가 그렇게 행동하게 된 원인은 바로 부모를 비롯한 어른들의 태도에 있다는 것을 알게 되었다. 엄마는 종종 예빈이를 바보라고 놀려댔고 이에 화가 난 예빈이가 "바보라고 하지 마"라고 말을 하면 "언니한테 바보라고 해 봐"라며 예빈이 동생을 시켜 대신 놀리게 하곤 했다. 버릇없이 구는 예빈이를 '넌 원래 그런 아이'라는 식으로 생각해 버렸다. 아빠는 잠을 자거나 방에서 게임만 할 뿐 아이 돌보는 일에 대해서는 전혀 신경을 쓰지 않았다. 반면 할아버지와 할머니는 예빈이의 부탁이라면 무엇이든 들어주었고, 예빈이가 잘못을 해도 "애가 그럴 수도 있지"라고 허허 웃어 버리거나 내버려 두었다.

결국 예빈이는 부모의 사랑을 제대로 받지 못하였고, 그 누구에게 진심어린 충고나 야단을 듣지 못하는 상황이었다. 이런 환경이 예빈이의 안 좋은 버릇과 태도를 만들어 놓은 것이었다. 아이는 그 누구도 감당할 수 없는 상태에 이르렀다. 때문에 훈육을 하기보다는 예빈이를 속이거나 아이가 울음을 쉽게 그칠 것 같지 않으면 "그래, 네가 이겼다"라며 아이가 하자는 대로 따라주었다. 때론 울다 지칠 때까지 내버려 두기도 했으며, 가끔 훈육을 하기도 했지만 "피곤하게 너 왜 이러니?"라는 식의 감정적인 훈육이었다. 엄마는 무척 곤란한 얼굴로 "예빈이한테 두 손 두 발 다 들었어요"라며 한숨을 쉬었다.

권위를 내세운 강압 또는 무조건적인 수용

예빈이 엄마처럼 아이의 나쁜 버릇을 고치기 위해 부모의 권위를 내세워 위협을 하고 강요하는 엄마들이 많다. 부모와 자녀는 이기고 지는 관계가 아니라 서로 받아들이고 협력해야 하는 관계인데도 말이다. 때로는 "엄하게 꾸짖고 그래도 말을 안 들을 때는 하는 수없이 매를 들어야지"라고 말하는 부모들이 있는데, 강력한 훈육은 아이를 일순간 순종적으로 만들 수는 있으나 장기적으로는 부정적인 결과를 불러온다.

아이가 친구를 때리고 깨물었다고 하자. 만약 부모가 아이를 때리면서

"친구를 때리면 계속 이렇게 맞을 줄 알아"라고 말하면 아이는 이 상황에서 '이제 친구를 때리지 말아야겠구나' 하고 반성하는 것 외에도 '엄마는 내게 고통을 줘', '엄마는 친구를 때리지 말라고 했으면서 왜 나를 때리는 거지?' 라며 여러 가지 생각을 하게 된다. 결국 아이는 친구를 때리지 말아야 하는지는 알지만 무엇을 해야 할지는 모른다. 그렇기 때문에 아이의 나쁜 버릇을 고치려면 긍정적인 결과를 불러올 수 있는 훈육법을 찾아야 한다.

아이의 나쁜 버릇을 고치려면 권위적인 태도를 버리고 아이 스스로 자신의 행동을 컨트롤할 수 있도록 만들어 주어야 한다. "아이들은 훈육이 필요하다"는 사실을 내세워 권위를 사용하는 것을 정당화하려는 엄마들이 있다. 그러나 아이는 부모가 일방적으로 자신의 행동을 통제하는 것을 싫어한다. 이 존중되지 않는 상반된 입장 때문에 대립이 야기되는 것이다.

부모의 권력을 이용해 아이를 훈육한다면 어렸을 때는 통할지 모르나 아이가 자라면서 그 효력은 점점 떨어진다. 아이가 청소년이 되면 부모의 권위는 점점 쇠약해져 효능을 상실하고 만다. 때문에 아이를 통제하는 방법이 '원하던 물건 사주기 식'의 조건형이 될 수밖에 없다고 말한다. 어떤 부모는 아예 아이를 통제할 방법을 찾을 수가 없어서 하고 싶은 대로 내버려둔다고 한다.

그럼에도 대부분의 부모들은 자신의 권력을 단념하려 하지 않는다. 이미 '내가 이기느냐, 아이가 이기느냐' 의 관계에 익숙한 부모들은 권력을 대신할 다른 방법은 아이의 말을 무조건 들어주는 것밖에 없다고 생각하기 때문이다.

아이를 꾸짖을 때 잊지 말아야 할 점

1. 아이에게 너를 위해서 꾸중을 한다는 점을 알려야 한다.

　흔히 부모들은 아이가 버릇없이 굴면 "그것은 나쁜 행동이야. 당장 그만
둬"라며, 옳고 그름만 따져 꾸중을 하는데, 이러한 꾸중은 큰 효과를 기대
하기 어렵다. 아이가 부모의 말에 귀 기울이게 만들려면 꾸중이 아이 자신
을 위한 것임을 깨닫게 해야 한다.

2. 타이밍을 잘 맞춰야 한다.

　부모의 감정이 어느 정도 가라앉고, 아이가 야단을 맞을 준비가 될 때까
지 기다리는 것이 좋으며, 특히 어린 아이일수록 타이밍을 잘 맞춰야 한
다. 부모가 흥분해 있을 때 아이를 대하게 되면 본의 아니게 아이에게 상
처를 주는 말과 행동을 할 수 있다.

3. 구체적이고 명확하게 꾸중을 한다.

　아무 설명 없이 무조건 아이를 나무라는 태도는 아이의 마음에 전달되지
도 않을 뿐더러 '나는 원래 나쁜 아이야'라고 생각하게 만든다.

4. 아이의 반응을 살피며 꾸중을 한다.

　꾸중을 하다보면 아이가 말을 전혀 하지 않거나 적의를 보일 때가 있고
혹은 말대꾸를 하거나 변명을 할 때가 있다. 아이들의 행동에는 모두 이
유가 있으므로 기분 나쁘다고 아이를 다그치지 말고 아이가 왜 그런 반응
을 보이는지 원인을 찾아낸 다음 꾸짖어야 한다.

5. 발단단계의 특성을 고려하여 야단을 친다.

　아이들은 발달과정에서 자연스럽게 고집을 부리거나 버릇없는 행동을 할
때가 있다. 가령 유치원에 다니는 여자아이들 중에 분홍색 옷을 고집하는
아이들이 많은데, 그 이유는 이 시기의 아이들은 성적인 정체감이 생겨

동성 간의 유대관계가 강해지기 때문이다. 부모가 이것을 가지고 너무 꾸중을 하면 아이는 스트레스를 받게 된다.

6. 아이의 비위를 맞추는 꾸중은 하지 않는다.

아이의 눈치를 보며 꾸중을 하거나 꾸중을 한 후 곧바로 미안한 마음에 사과를 하는 부모들이 있는데, 이러한 태도는 꾸짖지 않느니만 못하다. 지나치면 안 되지만 부모가 권위 있는 존재임을 아이에게 심어주어야 할 필요성이 있다.

한 사람의 인생을 바꾸는 칭찬의 원칙

칭찬은 애정 어린 행위와 마찬가지로 자녀들을 따뜻하게 한다. 자녀들을 위한 현명한
칭찬은 꽃과 태양의 관계와 같다.
                                                            - 크리스천 네스텔 보비

"칭찬은 우리에게 가장 좋은 식사이다"라는 말이 있다. 좋은 음식을 먹으면 몸이 건강해지듯이 칭찬을 먹고 자라면 정신이 건강해진다는 것이다. 칭찬은 고래를 춤추게 할 정도로 불가능을 가능으로 만들어 준다. 우리에게 널리 알려진 유명인 중에도 칭찬 한마디가 인생의 터닝 포인트가 되었던 사람들이 많다. 2002년 한일 월드컵으로 스타덤에 올라 현재 영국의 명문구단 맨체스터 유나이티드에서 활약하고 있는 축구선수 박지성도 그러한 경우이다.

칭찬 한마디가 인생의 터닝포인트가 되었던 박지성 선수

박지성은 히딩크 감독을 만나기 전까지 신체적으로나 실력 면에서 눈에 띄는 선수는 아니었다. 박지성 스스로도 그저 오기로 버티고 있다고

생각했지만 연습은 한 번도 게을리한 적이 없었다. 그 성실성 덕분에 월드컵 대표팀에 합류하게 되었고, 히딩크 감독을 만나게 되었다.

그때 박지성은 '월드컵 때 경기장을 뛸 수만 있다면 소원이 없겠다'라는 마음을 품고 있었는데, 다행히 히딩크 감독은 평가전에서 박지성에게 많은 기회를 주었다. 박지성은 히딩크 감독이 자신에게 왜 많은 기회를 주는지 궁금했지만 히딩크 감독은 아무 말도 하지 않았단다.

그러던 어느 날 박지성은 다리에 부상을 입어 경기를 뛰지 못하게 되었다. 감독에게 더 많은 모습을 보여주어도 시원찮을 판에 부상까지 입었으니 참으로 절망스러운 시간이었을 것이다. 그렇게 의욕을 잃은 채 홀로 탈의실에 앉아 있었는데, 히딩크 감독이 통역사와 함께 탈의실로 들어왔다. 그에게 뭐라고 말했지만 도통 알아들을 수가 없어서 물끄러미 통역사만 바라보자, 통역사는 흐뭇한 미소를 지으면서 박지성에게 이렇게 말해 주었다.

"박지성 선수는 정신력이 뛰어나대요. 그래서 반드시 훌륭한 선수가 될 거라고 말씀하셨습니다."

그렇게 박지성은 다시 자신감을 되찾을 수 있었고, 슬럼프에 빠질 때마다 히딩크 감독의 칭찬을 떠올렸다고 한다.

효과적이고 구체적인 칭찬을 하라

칭찬은 사람의 마음을 움직일 수 있는 효과적인 수단이면서 잠재된 능력을 꺼내어 증폭시킬 수 있는 촉진제와 같은 것이다. 아이들에게 칭찬은 자신감 형성과 깊은 관련이 있다. 아이들은 태어나면서부터 자신감이 형성되는데, 이 시기에 "너는 머리가 참 좋구나!", "넌 정말로 착한 아이야", "넌 참 책임감이 강한 아이구나" 등의 이야기를 부모나 친구들 또는 선생님께 들으면 아이는 자신감이 생겨 스스로 더욱 똑똑하고 착해지려고 노력한다.

그러나 이 시기에 "너는 무슨 애가 이 모양이니?", "그럼 그렇지, 네가 하는 일이 다 그 모양이지", "너처럼 말 안 듣는 애는 생전 처음이다"라는 식의 핀잔과 꾸지람을 듣고 자라면 아이는 자신감을 잃고 오히려 열등감을 키우게 된다.

아이의 자신감은 부모의 말 한마디가 중요한 역할을 한다는 것을 잊어서는 안 된다. "참 잘했어"라는 말 한마디와 미소가 아이들에게는 무한한 용기가 되며, 칭찬과 격려 속에서 자란 아이는 매사에 자신감을 가지고 자신의 긍정적인 면을 먼저 찾으려 한다. 사실 온종일 말썽만 피우는 아이에게 칭찬할 일을 찾는 것은 쉬운 일이 아니다. 그럴 때 이런 방법을 써보는 것은 어떨까?

"철진아, 엄마 좀 도와줄래?"

"나 지금 게임하고 있어."

"그래도 잠깐만, 엄마가 철진이 도움이 조금 필요해서 그래."

아이는 게임 도중에 엄마가 부르는 것이 못마땅하겠지만 도움이 필요하다는 말에 못내 엉덩이를 털고 일어날 것이다. 이때 아이와 함께 간단한 일을 하도록 하자. 그리고 일이 끝나면 "철진이 덕분에 일을 벌써 끝냈네. 철진이 정말 대단한 걸!"이라고 칭찬을 해 주자.

이렇게 칭찬을 해 주면 아이는 금방 으쓱해져서 '나도 엄마를 도울 수 있어', '나는 엄마가 시킨 일을 잘 할 수 있어' 라고 자신감을 싹틔우게 되고, 점차 스스로 엄마를 돕고자 하는 의욕이 생겨난다. 이처럼 칭찬을 유도할 수 있는 기회를 만들어 주자.

그렇다고 무조건 칭찬만 해서는 안 된다. 효과적인 칭찬을 하려면 구체적이고 객관적으로 해야 하는데, 예를 들면 "넌 참 착한 아이구나"라는 식의 두루뭉술한 칭찬은 자제해야 한다. 대신 "방을 깨끗이 청소했구나. 엄마가 지켜봤는데 보이지 않는 구석구석까지 청소를 잘 하던데"라는 식으로 포인트를 찾아 구체적으로 칭찬하는 것이 좋다. 그러면 아이들은 앞으로 어떤 행동을 어떻게 해야 하는지를 깨닫게 되고, 엄마가 자신에게 쏟아 준 관심에 기쁨과 감동을 느끼게 된다.

긍정적인 믿음과 기대를 가지고 칭찬하라

칭찬을 할 때에는 아이에 대한 긍정적인 믿음과 기대를 담아 격려해 주는 것이 좋다. 한 예로 아이가 곤란한 상황에 처했거나 실수를 했다면 "괜찮아, 걱정 없어. 너라면 충분히 해낼 거야"라는 식으로 아이에 대한 깊은 신뢰를 전달하고 용기를 불어넣어 주어야 한다. 그러면 아이는 부모의 기대처럼 일을 스스로 해결하는 능력을 보여줄 것이다. 이것을 우리는 '피그말리온 효과Pygmalion effect'라고 말한다. 누군가에 대한 사람들의 믿음과 기대, 예측이 대상에게 그대로 실현되는 것을 말하며, 이러한 현상은 칭찬의 효과를 나타낸 것이다.

하지만 칭찬에도 주의해야 할 점이 있다. 아이가 자신의 능력에 대해 자만에 빠지지 않도록 신경을 써서 칭찬을 해 주어야 한다. 가령, 아이가 음악적 재능이 뛰어나다면 아이의 음악적 재능을 칭찬해 주는 동시에 그러한 능력을 가지고 태어난 것에 감사할 줄 알도록 만들어야 한다. "채원이는 노래를 잘 하는구나. 채원이가 고운 목소리를 갖고 태어난 것은 무척 행운이야!"라는 식으로 말이다. 부모가 먼저 자랑하고 싶은 마음을 억누르고 겸손한 태도를 보여야 아이도 겸손함을 배우게 된다.

간혹 엄마들 중에 다른 아이와 비교를 덧붙여 경쟁심을 불러일으키는 칭찬을 하는 사람이 있다. "이번 중간고사는 옆집 민희보다 잘 봤구나", "이번에 민희가 90점을 받았다니까 조금만 노력하면 따라잡을 수 있겠다"라는 식으로 위기의식을 고취시키는 칭찬을 하게 되면 부담감과 위축감이 들어 아이는 심한 스트레스를 받는다.

"숙제를 혼자서 다 했네. 그런데 예전에는 왜 하지 않았니?"라는 식으로 핀잔 섞인 칭찬을 해서도 안 된다. 이런 추궁형의 칭찬은 아이가 칭찬을 받았다는 느낌을 갖지 못하기 때문이다.

칭찬보다 강력한 효과, 스티커 칭찬

칭찬만으로 충분하지 않은 때가 있다. 아이가 칭찬과 관심에 덜 민감한 경우인데, 기질적으로 칭찬과 관심에 둔할 수 있고, 부모의 잦은 칭찬이 원인이 될 수도 있다. 이런 아이들은 부모의 칭찬과 관심을 받기 위해 행동을 바꾸지 않기 때문에 더욱 강력한 보상을 필요로 한다. 그에 적당한 방법으로 '스티커 칭찬 방식'이 있는데, 이것은 아이가 칭찬받을 행동을 하면 가벼운 칭찬과 더불어 스티커를 하나씩 주는 것이다.

스티커 칭찬을 하면 좋은 점은 앞서 말한 점수제도처럼 아이의 행동을 보다 빠른 시간 내에 교정할 수 있고, 가지고 다니기 편해서 언제 어디서든 할 수 있다는 것이다. 또 스티커를 주면 아이는 종일 그것을 보면서 지속적인 자극을 받게 되고, 한 번 실수로 아이가 받아야 할 보상이 무효가 되는 일을 막을 수 있다.

아이가 아침에 심부름을 한 대가로 장난감을 사주기로 했는데, 오후에 아이가 그만 엄마에게 거짓말을 하고 말았다. 이런 경우 대부분의 엄마들은 "거짓말을 했으니까 사 주기로 한 장난감은 없었던 일로 할 거야"라며 아침에 정당하게 받은 보상까지 없었던 일로 해 버리는데, 스티커 칭찬은 정당하게 받은 보상까지 무효로 만드는 일을 줄여준다.

무엇보다 스티커를 주려면 부모가 아이의 행동을 유심히 관찰해야 하기 때문에 자녀의 성향을 파악하기가 쉬워진다. 또 스티커 칭찬으로 아이의 행동이 바뀐 후 중단을 하더라도 다시 예전의 모습으로 돌아가지 않는다는 장점도 있다.

다만 스티커 칭찬을 할 때 주의해야 할 점이 몇 가지가 있다. 처음 한 주 동안은 아이에게 준 스티커를 다시 빼앗아서는 안 된다. 아이가 번 스티커를 다시 빼앗음으로써 아이에게 벌을 주는 경우가 있는데, 이것은 스티커를 벌고자 하는 흥미와 의욕을 떨어뜨린다. 따라서 아이가 어느 정도 스티커 칭찬에 익숙해진 후에 벌을 주는 수단으로 스티커를 뺏는 것이 좋다.

그리고 아이가 주어진 일을 다 마친 후에 스티커를 줘야 한다. 아이가 스티커를 미리 달라고 하는 경우가 있는데, 일을 시작하기 전에 스티커를 주면 이미 보상을 받았기 때문에 아이는 일에 최선을 다할 이유가 없어진다. 아이에게 스티커를 줄 때에는 어떤 행동에 대해 보상을 해 주는 것인지 신경을 쓰며 칭찬을 해야 하고, 아이가 스티커를 훔치거나 거짓말을 해서 보상을 받으려는 경우에는 엄하게 다스려야 한다. 스티커를 주는 시간이 지연되면 아이에게 불신을 심어줄 수 있고 제어하는 효과가 떨어지므로, 아이가 부모의 말을 따랐을 때 즉시 스티커를 줘야 한다.

초현실주의 화가 샤갈Marc Chagall은 어린 시절, 남들과는 전혀 다른 그림을 그렸다. 어느 누구도 그의 그림을 칭찬하지 않았으나, 그의 어머니만은 "네 그림은 그 누구보다도 개성적이어서 훌륭하단다"라고 칭찬을 했다. 어머니의 칭찬은 그를 위대한 화가로 만드는 데 결정적인 힘이 되어 주었던 것이다.

자신감 있고 주체적인 아이로 키우고 싶다면 칭찬에도 원칙이 필요하다. 무조건적이고 과한 칭찬은 오히려 아이에게 좋지 못한 영향을 끼친다. 하지만 제대로 된 칭찬 한마디는 한 사람의 인생을 바꿀 수도 있다.

 칭찬의 원칙

1. 구체적인 말로 칭찬하라.
   뭉뚱그려 "정말 잘했어"보다는 "일기를 쓸 때 이런 표현은 정말 섬세하구나"라는 식의 구체적인 칭찬이 좋다. "지금 제대로 하고 있는 거야", "바로 그 방법이야", "해 냈구나, 그걸 어떻게 알았니?", "점점 더 나아지고 있어", "노력을 많이 했구나", "해 낼 줄 알았어" 등 구체적인 말로 칭찬하라.

2. 행동으로 하는 칭찬
   미소 지어 주기, 엄지손가락을 들어 주기, 머리 쓰다듬어 주기, 포옹해 주기, 윙크하기, 아이의 어깨에 팔 두르기, 어깨를 가볍게 두드려 주기

3. 결과보다는 과정이나 노력을 칭찬하라.
   "열심히 하더니 결국 해 냈구나."
   "노력하는 모습이 참 좋구나."
   "열심히 하는 네가 자랑스럽다."
   "다들 실수할 때가 있는 거야, 괜찮아."
   "다음엔 더 잘할 수 있을 거야."
   "최선을 다하는 너를 보니 희망이 보이는구나."

4. 칭찬할 거리가 없다고 느껴지면 찾아서 하라.
   일상생활에서 아주 사소한 거라도 찾아서 칭찬하라. 특히 야단을 많이 맞고 말을 안 듣는 아이일수록 칭찬이 더 필요한 법인데, 부모는 칭찬할 거

리가 없다고 한다. 이럴 때는 "문 좀 닫아 줄래?" 등 사소한 심부름을 시키고 이에 대해서도 칭찬을 할 수 있다. "밥을 맛있게 먹으니 엄마가 기분이 좋구나", "오늘은 다른 날보다 5분이나 빨리 끝냈네" 등 칭찬할 거리를 찾아서 하라.

5장

화 내지 않고
아이를 변화시키는
생활 속 훈육법

훈육은 징벌이 아니다

훈육과 징벌은 엄연히 다르다. 훈육은 아이의 바르지 못한 행동을 교정하여 인간적 성숙을 돕고자 함이고, 징벌은 아이의 잘못에 대한 벌을 주는 것이다.

우리 조상들은 아이가 잘못을 저지르면 벌을 주었으며, 때론 회초리로 종아리를 때리기도 했다. 그러나 이것은 징벌이 아니었다. 회초리를 만드는 주재료인 싸리나무는 탄력성이 커서 아이에게 따끔한 자극만 줄 뿐 신체에 손상을 주지는 않는다. 회초리로 아이에게 혼을 낸 것은 깨달음의 의미에서지 무시하거나 상처를 주기 위함이 아니었다는 말이다. 우리 조상들은 적절한 '사랑의 매'를 통해 인격적인 훈육을 했던 것이다.

그러나 시대가 변하면서 인격적인 훈육 방식도 달라졌다. 요즘은 '사랑의 매'를 자제하고 말로써 교육적인 효과를 최대로 누리고자 한다. '사랑의 매'는 예전에도 사회적 문제로 제기된 적이 있었는데, 처음 의도와 달리 감정이 격해지면 그 정도가 심해지기 때문이다. 따라서 징벌과 훈육의 혼동을 가져다 줄 수 있다.

비인격적인 훈육이 가져온 결과

올 봄에 병원을 찾은 초등학교 6학년인 주영이는 짜증이 심하고, 나이보다 어린 행동을 하며, 엄마에 대한 집착이 강했다. 엄마가 곁에 없으면 잠도 자지 못했고, 심지어 화가 나면 엄마를 향해 욕을 하고 때리기도 했다. 나는 주영이의 심리 상태를 알아보기 위해 그림치료의 일종인 나무 그림을 그리게 했다. 나무는 기본적인 자기상을 의미하며, 현재 자신의 심리상태를 무의식적으로 나타내고 있을 뿐만 아니라 정신적인 성숙도를 표현해 준다.

주영이는 나무를 의인화한 그림을 그렸는데, 팔처럼 뻗은 나뭇가지는 주먹을 불끈 쥐고 금방이라도 때릴 것 같은 모습을 하고 있었고, 나무는 이빨을 날카롭게 드러내며 웃고 있었다. 보기만 해도 괴기스럽고 섬뜩해지는 그림이었다. 주영이는 생각보다 매우 불안한 상태여서 어떤 놀이에도 집중을 하지 못했고, 자신의 감정을 주체하지 못해 20분 동안 바닥을 긁으며 소리를 지르기도 했다. 이를 통해 나는 주영이의 마음속에 심한 공격성이 숨어 있다는 것을 알게 되었다.

나는 주영이 엄마와 상담을 하면서 주영이가 아빠에게 많이 맞고 자랐음을 알게 되었다. 뿐만 아니라 아빠는 주영이에게 입버릇처럼 "쓸모없는 놈" 식의 폭언을 자주 했다고 했다. 주영이 아빠는 밖에서는 호인이라 칭해질 만큼 점잖고 예의바른 사람이었지만 집에만 들어오면 폭군으로 돌변해 주영이와 엄마를 괴롭혔다. 주영이는 아빠의 비인격적인 훈육과 엄마에게서까지 버림받지 않을까 하는 두려움 때문에 어린아이 같은 행동을 보였던 것이다.

훈육은 교정하고, 징벌은 벌을 주는 것

많은 부모들이 주영이의 부모처럼 훈육과 징벌을 혼동한다. 주영이의 부모도 훈육을 한다고 했지만 훈육이라는 명분을 내세워 자신의 감정을 아이에게 쏟아내었던 것뿐이다. 훈육과 징벌은 엄연히 다르다. 훈육은 아이의 바르지 못한 행동을 교정하여 인간적 성숙을 돕고자 함이고, 징벌은 아이의 잘못에 대한 벌을 주는 것이다. 또, 훈육은 앞으로의 바른 행위를 위한 교정이지만, 징벌은 과거의 잘못만을 추궁하는 것이다. 그래서 훈육은 아이에게 마음의 평온을 주지만 징벌은 두려움과 죄의식을 심어 준다.

훈육이 중요한 것은 바로 이런 이유 때문이다. 아이들은 부모로부터 훈육을 받는 과정에서 옳고 그름을 판단하는 능력을 기른다. 자녀를 바르게 훈계할 경우에는 자녀의 잘못된 행동이 올바르게 고쳐지며, 지혜롭고 정직하게 자랄 수 있도록 도와주는 역할을 한다.

나는 상담을 하러 오는 어머니들에게 자녀에게 어떤 훈육법을 쓰고 있는지를 꼭 질문한다. 부모님들은 회초리로 때리기, 꿇어앉히기, 반성하는 의자에 앉히기, 아이가 좋아하는 것 못하게 하기 등 다양한 방법들을 사용하고 있었다. 이 방법들은 얼마나 효율적이고 어느 정도 지속성을 가지고 있을까? 개인적인 궁금증에 나는 어머니들에게 "이 방법을 사용해서 만족스러운 효과를 보았느냐?"고 질문을 하면 한결같이 "아니오"라고 대답한다.

3단계 훈육 방법 : 가르침, 훈련, 교정

그렇다면 가장 효과적인 훈육 방법은 무엇일까? 훈육이 효과를 발휘하려면 다음 3가지 절차를 잘 따라야 한다.

첫 단계는 '가르침'으로, 어떤 사건이나 상황에 부딪혔을 때 형식에 구애받지 않고 자연스럽게 지도를 하는 과정이다. 예컨대 아이가 공공장소에서 소리를 지르고 뛰어다닌다면 그 행동이 사람들에게 얼마나 피해를 주는지 가르치고 지시하는 단계라고 할 수 있다.

두 번째 단계는 '훈련'으로, 첫 단계에서 습득한 가르침을 몸에 익히고 습관을 형성하도록 돕는 단계이다. 아이가 스스로 자신의 행동이 잘못되었음을 느끼게 만들고, 공공장소에서 소란을 피우지 않는 습관이 몸에 배도록 하는 것이다.

세 번째 단계는 '교정'으로, 공공장소에서의 행동이 바람직하지 않음을 아이에게 지도하고 훈련을 했는데도 따르지 않을 때 이 단계가 필요하다. 이 과정에서는 부모의 엄격한 태도가 무엇보다 중요하며, 약간의 체벌도 할 수 있다. 가벼운 체벌은 아이의 반성을 유도해 행동에 변화를 가져올 수 있기 때문이다. 만약 흐지부지하게 되면 훈육의 효과를 볼 수가 없다. 이 세 단계를 바탕으로 아이를 인격적으로 훈육하면 아이의 부적절한 행동을 무리 없이 교정할 수 있다.

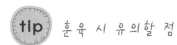 훈육 시 유의할 점

1. 아이의 자존심을 손상시키지 않는 가운데서 이루어져야 한다.
   아이의 자존심을 염두에 두지 않는 훈육은 하지 않느니만 못하다.

2. 아이의 행동을 교정하려고 강압적인 태도를 취하면 안 된다.
   아이의 그릇된 행동을 빠른 시간에 고치려고 말보다 매를 먼저 드는 경우가 있다. 하지만 이러한 행동은 단지 아이를 괴롭히는 행위에 지나지 않는다. 이 같은 행위는 자녀 교육에 있어 반드시 자제해야 할 태도이다.

3. 자신의 감정 조절이 제대로 되지 않을 때에는 아이와 잠시 떨어져 있는 것이 좋다.

흥분한 상태에서 아이를 대하게 되면 자신도 모르는 사이에 아이에게 폭언을 하거나 폭력을 행사할 수도 있기 때문이다. 자신의 감정이 어느 정도 진정되었다고 판단했을 때 아이를 교정하도록 하자.

4. 부모 스스로 화난 원인을 명확히 알아야 한다.

왜냐하면 아이에게 화가 난 것이 아니라 아이의 나쁜 버릇을 미리 바로 잡아주지 못한 자신의 죄책감 때문에 화가 나는 것일 수도 있기 때문이다.

5. 이전에 훈육했던 문제도 깨끗하게 잊어버려야 한다.

현재의 일과 관계없이 과거의 잘못까지 꺼내놓고 두고두고 훈육을 하게 되면 오히려 부작용이 생길 수 있다.

6. 타이르고 훈계를 해도 무례한 행동을 할 때는 약간의 체벌도 필요하다.

요즘 부모들은 체벌을 너무 그릇되게 생각하는 면이 있고, 몇몇 심리학자들도 체벌을 없애야 한다고 주장한다. 하지만 아이의 나쁜 행동을 교정하기 위한 목적의 체벌은 반드시 해로운 것만은 아니다. 단, 체벌은 부모 자신의 감정부터 조절한 후에 해야 한다. 그래야 아이가 체벌에 대한 이유를 이해할 수 있다.

벌을 주기 위한 체벌이라 하더라도 체벌에 지나치게 의존하거나 심하게 하면 문제가 생긴다. 가벼운 체벌은 아이의 반성을 유도하지만, 잦은 체벌과 장시간의 체벌은 어느 정도 시간이 지나면 육체적 고통으로 변해 증오심을 만들기 때문이다. 체벌은 아이가 상처를 입지 않도록 가볍게 때리거나 '손들고 있기'와 같은 가벼운 것으로 하는 것이 좋다. 어쨌든 체벌은 최악의 경우에 사용하는 방법이므로 되도록 자제하자.

7. 훈육할 때 아이가 화를 내거나 공격적이 되면, 외면하라.

　　부모에게 벌을 받고 난 후에 아이가 화를 내거나 공격적으로 반응하면 부모 입장에서는 당황하지 않을 수 없다. 이런 경우 아이의 반응에 당황하지 말고 일단은 외면해야 한다. 그래야 아이는 자신의 행동이 무의미하다는 것을 깨닫고 멈추게 된다.

승패가 나지 않는 훈육

많은 부모들이 '아이가 나를 싫어하지 않을까', '아무것도 모르는 아이한테 너무 심한 건 아닐까', '아이를 자유롭게 키우는 것이 좋지 않을까' 라는 지나친 염려로 잘못을 제대로 지적하거나 훈육하지 못한다. 하지만 원칙을 알려주는 것은 부모의 의무다.

세상에 어느 부모가 자신의 아이를 버릇없고 무책임하며 응석받이로 키우고 싶어 할까. 하지만 방법을 모르면 그렇게 만들기도 한다. 아이의 훈육에는 승패가 나지 않아야 한다. 승패가 나지 않는 훈육은 아이의 의견을 수렴하는 것이다.

"아이의 의견을 수렴한다는 것은 응석을 받아주는 것과 같지 않으냐?" 고 생각할 수 있다. 그러나 승패가 나지 않는 훈육과 응석 받아주기는 엄연히 다르다. 응석 받아주기는 부모가 권력을 이용했는데도 아이를 설득하지 못할 때 자포자기한 심정으로 단념하고 양보한 훈육이다. 하지만 승패가 나지 않는 훈육은 중용中庸을 지키는 방법이다. 부모와 아이가 서로 만족할 만한 해결책을 찾고 평가하여서 선택을 하는 것이다. 승패가 나지 않는 훈육은 즉, 부모가 권력을 사용하지 않고 아이에게 끌려가지도 않으면서 해결점을 찾는 그 누구도 지지 않는 훈육이라 할 수 있겠다.

아이가 밥을 먹지 않는다고 해 보자. 아이는 분명 "밥 먹기 싫어"라고 짜증을 부릴 것이다. 이때 엄마는 감정적인 행동을 자제하고 "네가 짜증을 내지 않았으면 좋겠는데, 그러려면 엄마가 어떻게 했으면 좋겠니?"라고 도움 요청형의 대화를 시도한다. 아이는 그러면 자기 나름대로 생각을 내놓아 엄마의 고민을 해결해 주고자 노력하기도 하고, 모르겠다고 말할 수도 있을 것이다.

아이가 적당한 아이디어를 내놓지 못하면 함께 아이디어를 종이에 적어볼 수도 있을 것이다. 그러한 과정 속에서 아이가 왜 밥을 먹기를 싫어하는지, 아이가 밥을 잘 먹게 하기 위해서는 어떻게 해야 하는지 방법을 찾아낼 수 있다.

다만 아이의 나쁜 버릇이 몇 년 동안 지속되어 굳어졌다면 이러한 훈육법만으로는 행동을 고치기 어렵고 보다 강력한 훈육이 필요하다.

행동에 따른 다양한 훈육법

병원을 찾은 6살 경호가(명는 엄마가 "이 애는 도저히 통제가 불가능해요"라고 말할 만큼 고집이 세고 반항적인 아이였다. 경호는 다른 사람을 때리고 깨물고, 분노를 터트리면서 발작을 했으며, 다른 아이가 하는 일을 방해했다. 또, 어딜 나가면 뛰어다니고, 잠을 잘 때나 밥 먹을 때, 옷을 입을 때마다 칭얼거리고 불평을 늘어놓았다. 엄마는 아이 버릇을 고치기 위해 잘못된 행동을 할 때마다 꾸중을 하기도 하고, 체벌도 했으나 경호의 버릇은 좀처럼 나아지지 않았다.

검사 결과 경호는 크게 네 가지의 나쁜 버릇을 보이고 있었다. 첫째는 다른 사람을 때리고 분노하는 '공격적인 행동'이었고, 둘째는 다른 사람의 일에 끼어들어 훼방을 놓는 '다른 사람을 조종하려는 행동', 셋째는 어떤 일을 시켰을 때 하지 않으려는 '수동 공격적인 행동'이었다. 나머지 하나는 자극에 대해 충동적으로 반응하는 '충동적인 행동'이었다. 나는 경호의 나쁜 버릇을 고치기 위해 각 행동에 맞게 다양한 방법을 제안했다. 그 중 몇 가지를 소개하겠다.

공격적인 행동을 할 때는 무시하라

우선 아이가 분노를 이기지 못하고 소리를 지르고 바닥을 뒹굴 때, 즉 '공격적인 행동을 할 때'는 무시하라고 권했다. 경호가 분노를 터트리는 것은 엄마의 주의를 끌고자 하는 일종의 시위였기 때문이다.

엄마가 무시하자 경호는 엄마를 굴복시키기 위해 더욱 거세게 행동을 했다. 하지만 엄마는 이에 동요되지 않았다. 나쁜 버릇이 개선되기 전에 아이의 반응이 더 격해지는 시기가 있을 것이라는 정보를 미리 알려드렸기 때문이다. 따라서 엄마는 '경호가 나를 굴복시키기 위해 더 심하게 굴 거라는 걸 안다. 당장 경호에게 그만두라고 소리치고 싶지만 나는 설거지에 집중할 필요가 있다'라고 자기대화를 하면서 경호의 행동에 대해 어떤 관심도 기울이지 않았다.

처음에 엄마는 이 작업을 몹시 힘들어했다. 자식이 괴로워하는 것을 보는 것이 안쓰러웠으며, 나쁜 버릇이 더 나빠지는 것 같아 불안했다. 하지만 그녀는 자기 확신을 가지고 끝까지 해 냈고, 엄마의 무시에 지친 경호는 점점 분노를 터트리는 행동을 하지 않았다.

수동 공격적인 행동을 할 때는 칩 제도 활용하기

어떤 일을 하거나 시켰을 때 칭얼거리고, 소리를 지르고, 불평을 하는,

즉 '수동 공격적인 행동'을 할 때는 칩을 사용하라고 권했다. 칩은 아이가 적절한 행동을 했을 때 그에 대한 보상으로 주어지는 것으로, '수동 공격적인 행동'을 고치는 데 매우 효과적이다. 수동 공격적인 행동은 상대를 무시하려는 목적을 가진 행동으로 쉽게 고쳐지지 않는다. 때문에 칭찬과 관심보다 강력한 보상으로 다스려야 한다.

칩 제도를 이용하려면 우선 칩을 선택하고, 아이에게 이 제도에 대해 충분히 알아들을 수 있도록 설명해야 한다. 다음에는 아이가 번 칩을 넣을 만한 상자를 만들어 주고, 칩을 모았을 때 아이가 누릴 수 있는 특권들을 작성한다. TV 보기, 게임하기, 외식하기, 장난감 사기, 소풍 가기 등 매일 얻을 수 있는 특권부터 쉽게 얻을 수 없는 특권까지 넣어 목록을 작성한다. 단, 학용품이나 옷처럼 필수품들을 특권으로 사용해서는 안 된다. 특권은 10개 이상이 적당하고, 이 중 25%는 며칠 동안 칩을 모아야지 가능한 항목들을 넣도록 한다.

아이가 해야 하는 일이나 부모가 아이에게 바라는 행동들의 목록은 함께 만들어야 한다. '심부름하기', '세수하기' '잠자리 정리하기', '자기 방 청소', '장난감 치우기', '숙제하기', '욕하지 않기', '남 때리지 않기', '거짓말하지 않기' 등 부모가 증가시키고 싶어하는 행동에서부터 사회적 행동들까지 포함시키고, 아이가 이 규칙을 잘 지킨다면 그에 대한 보상으로 칩을 준다.

아이가 목록에 있는 규칙을 지킬 때뿐만 아니라 그 일을 하는 동안 긍정적인 태도를 보인다면 보너스로 칩을 줄 수 있음을 알린다. 이것은 부모의 의지에 따라 줄 수도 있고, 주지 않을 수도 있다.

칩의 수는 연령에 맞게 일의 중요성에 따라 결정한다. 얼마만큼의 칩을 줄지도 정해야 하는데, 보통 5세 이전 아이에게는 1~3개 정도가 적당하고 나이가 많으면 더 많은 칩을 사용하며, 어렵고 중요한 일일수록 칩을 많이 주도록 하자. 또, 아이가 하루에 얻게 되는 칩들이 총 몇 개가 될 것인지 어림짐작하여 적절하게 배분하고, 그 중 65%는 'TV 보기', '게임하기' 등의 아이가 일상적인 권리를 누리는 데 사용하도록 한다. 그리고 나머지는 조금 더 많은 시간을 필요로 하고 특별한 권리를 위해 쓰도록 저축을 유도한다.

잊지 말아야 할 것은 지시를 받았을 때 즉시 행동으로 옮겨야만 칩을 얻을 수 있다는 점을 알리고, 칩 제도를 처음 시작하는 주에는 잘못된 행동을 하더라도 칩을 빼앗지 않아야 한다.

원칙을 알려주는 것은 부모의 의무다

많은 부모들이 '아이가 나를 싫어하지 않을까', '아무것도 모르는 아이한테 너무 심한 건 아닐까', '아이를 자유롭게 키우는 것이 좋지 않을까' 라는 지나친 염려로 잘못을 제대로 지적하거나 훈육하지 못하는데, 아이는 원칙이 없으면 오히려 불안해진다. 부모가 바른 지침을 알려주지 않으면 아이들은 무엇이 옳고 그른지 모르는 채 성인으로 자라게 된다. 부모는 아이가 아직 어렸을 때 세상의 원칙과 바른 지침을 자녀에게 알려줄 의무가 있다.

매보다 좋은 훈육법, 타임아웃

권위 있는 부모와 권위적인 부모는 다르다. 자녀에게 군림하려는 권위적인 부모는 되지 말아야겠지만, 필요한 상황에서 자녀를 통제할 수 있는 부모의 권위를 잃어서는 안 된다.

벌 받는 것이 습관이 안 되어 산만하거나 가볍게 여기며 제대로 벌을 수행하지 않는 아이가 있고, 남을 때리거나 부모에게 욕을 하거나 반항하는 아이도 있다. 이런 아이들은 매를 들어서라도 버릇을 고쳐야 하지만 특별한 경우를 제외하고는 매를 이용한 훈육법은 바람직하지 못하다. 육체적인 매보다는 정신적인 벌을 내리는 것이 더 효과적이며, 그 대표적이 방법이 '타임아웃'이다.

자신이 왜 벌을 받고 있는지 생각하게 해 주는 타임아웃

엄마들은 타임아웃이 강한 벌이 아니므로 큰 효과가 없을 것이라고 생각하지만, 벌은 자녀에게 고통을 주기 위한 것이 아니라 아이의 순응하지 않는 태도와 잘못된 행동을 효과적으로 개선하기 위한 것이다. 매의 경우 육체적인 고통을 상기시켜 행동을 금지하도록 하는 것인데, 이는 일시적인 효과만 있다. 또한 "그 행동을 하면 매를 맞는다"는 일종의 자기 암시가 걸려서 단순히 '하지 말자' 라는 생각만 들 뿐, 하면 안 되는 이유에 대해서 쉽게 잊어버리고 다른 해결방안을 찾지 않는다.

그러나 타임아웃은 매와 반대로 정신적인 측면이 강하다. 타임아웃의 경우, 아이가 육체적인 행동의 제약을 받는 대신 정신적인 여유를 가지게 된다. 따라서 왜 자신이 벌을 받고 있는지에 대해 깊이 반성할 수 있고, 잘못된 행동을 개선하기 위해 방법을 찾게 된다. 가령, 청소를 안 해서 부모에게 타임아웃을 받은 아이는 '청소를 안 해서 벌을 받고 있으니까, 청소를 해야겠다. 다음에 청소를 안 하게 되면 또 벌을 받을 테니까 기간을 정해 청소를 하는 것이 좋겠다' 등의 사고의 범위를 넓힐 수 있는 계기도 된다.

타임아웃은 절차가 중요하다. 아이가 지시를 안 따르면 무조건 타임아웃을 실시하는 엄마들이 있는데, 절차를 지키지 않는 타임아웃은 효과적이지 않으므로 매우 신중해야 한다.

욕하는 습관이 고쳐지지 않는 상길이

4살 난 상길이는 동네에서 알아주는 욕쟁이다. 작고 귀여운 입에서 보통 어른들도 쓰지 않는 걸쭉한 욕설이 자주 쏟아져 나왔다. 상길이의 부모는 맞벌이 부부라서 상길이를 돌볼 시간적 여유가 부족했다. 대신 상길이는 온종일 할머니와 시간을 보내야 했다. 할머니는 상길이가 욕을 하면 꾸짖어 버릇을 고쳐보려 했지만 좀체 나아지지가 않았다. 상길이에게 할머니는 만만한 상대였기 때문이다.

맞벌이를 하는 부모는 상길이가 욕을 잘 한다는 사실을 잘 모르고 있었다. 할머니가 "상길이가 욕을 많이 해서 걱정이다"라고 말을 하면 "욕하면 나쁜 아이야. 다시는 하지 마"라고 상길이에게 가벼운 경고만 할 뿐 심각하게 받아들이지 않았다. 그러나 부모 앞에서도 욕을 하게 되면서부터 사태의 심각성을 깨닫게 되었다. 상길이는 1년 이상 욕을 했기 때문에 이미 욕하는 습관이 몸에 배어 있어서 말로는 버릇을 고치기가 힘들었다. 그래서 엄마는 타임아웃을 실시하기로 했다.

처음에 엄마는 아이가 욕을 하면 사무적인 목소리로 "욕 하지 마"라고 명령을 내렸다(첫번째 단계: 지시). 그리고 5초 정도를 기다린 후 다시 "다섯 셀 때까지 그만둬"라고 말했지만 아이는 웃으며 엄마에게 계속 욕을 했다. 마치 노래를 부르듯 말이다.

5초 정도가 경과한 후 엄마는 설거지를 멈추고 아이의 눈을 똑바로 바라보며 더 큰 목소리로 "욕을 그치지 않으면 저 의자에 가서 앉아야 할 거야"라고 엄하게 경고를 했다(두 번째 단계: 경고). 그러나 상길이는 엄마의 말을 무시하는 태도로 혀를 쏙 내밀고 욕하기를 그치지 않았다.

다시 5초가 경과한 후 엄마는 "엄마 말을 듣지 않았으니까 의자로 가"라고 말했지만 아이는 가지 않으려고 버텼다. 엄마는 떼를 쓰는 아이를 억지로 끌고가 의자에 앉혔고(세 번째 단계: 실행), "엄마가 '그만!' 할 때까지 의자에 앉아 있어"라고 말하였다. 그러자 아이는 더욱 심하게 욕을 하기 시작했지만 엄마는 아무 대꾸 없이 설거지를 하며 아이를 지켜보았다.

15초 정도 지나자 아이는 자지러지게 울며 알고 있는 욕이란 욕은 모두 쏟아내기 시작했다. 엄마는 아이가 안쓰러웠지만 외면했고, 시간이 지나도 엄마에게 아무 반응이 없자 아이는 조용해지며, 엄마에게 다시는 욕을 하지 않겠다고 말했다.

타임아웃의 3단계 : 지시, 경고, 실행

타임아웃은 크게 세 단계로 나누는데, 첫 단계는 지시를 하는 것이고, 두 번째 단계는 경고, 세 번째 단계는 실행이다. 이 절차를 지킬 때 타임아웃의 효과는 더욱 커진다. 다만 몇 가지 유의해야 할 사항이 있다. 아이에게 명령을 할 때는 단호하게 하되 고함을 질러서는 안 되며, 그렇다고 부탁하거나 요구하지도 말아야 한다. 사무적인 목소리로 간단하고 명료하게 지시를 하자.

아이의 나이를 고려하여 타임아웃을 하는 시간도 조정해야 한다. 보통 한 살당 1분 정도가 적당하다. 아이가 5살이라면 타임아웃의 시간은 5분 정도가 적당하며, 이 원칙을 지키되 아이가 정해진 타임아웃을 한 후에도 더 심하게 행동을 할 때는 다시 한 번 조용해질 때까지 타임아웃을 시킨다.

타임아웃을 할 때는 아이를 의자에서 일어나지 못하도록 한다. 만약 부모의 허락 없이 의자에서 일어났다면 처음 한 번만 경고를 하고 다시 앉히는데, 그래도 말을 따르지 않는다면 방에 혼자 앉아 있게 하거나, 아이가 좋아하는 것을 못하게 하거나, 손바닥으로 엉덩이를 때리거나 하는 방법들을 사용한다. 다만 때리는 것은 아이가 허락 없이 의자에서 몇 번을 일어났을 때 외에는 하지 않는 것이 좋다.

타임아웃을 하는 의자는 엄마의 눈길이 닿는 곳에 두어야 한다. 엄마가 자주 머무는 공간인 부엌이나 한눈에 들어오는 거실 등이 좋고, 폐쇄적인 느낌이 드는 목욕탕 같은 곳은 적당치 않다. 아이의 주의를 산만하게 하는 장난감이나 게임기, TV 등은 모두 치우거나 꺼두어야 한다.

약속을 지키겠다고 아이가 말해도 일단 타임아웃을 실행하는 단계에 이르렀으면 타임아웃의 시간을 지켜야 한다. 경고를 할 때까지는 반성의 기미를 보이지 않다가 타임아웃을 하면 부랴부랴 용서를 비는 아이들이 있는데, 아이가 순종한다고 여겨져도 타임아웃은 진행해야 한다. 이미 벌어진 행동에 대한 결과는 책임져야 하기 때문이다.

안쓰러운 마음에 아이에게 꺾여서 타임아웃을 하다가 중도에 그만두는 엄마들이 있는데, 일단 타임아웃을 시작했다면 멈춰서는 안 된다. 때론 모질어져서 "화장실에 가고 싶어요", "목말라요", "아파요", "배고파요"라는 말도 외면해야 하는데, 만약 이 요구를 받아들이면 아이는 다음에 타임아웃을 피하기 위해 이를 악용할 수도 있기 때문이다.

엄마뿐만 아니라 가족 모두 아이가 의자에 앉아 있는 동안에는 말을 시키지 않아야 하며, 아이의 행동을 계속 관찰해야 한다. 타임아웃이 끝난 후 바로 자녀를 달래주고 감싸주는 부모들도 있는데, 그럴 필요는 없다. 이는 자녀가 상처받지나 않았을까 하는 불안과 미안함 때문인데, 아이들은 의외로 강해서 적정한 수준에서의 꾸중에는 상처를 받지 않는다. 단지 아이들은 부모의 사랑을 확인받고 싶어하므로 "너를 미워해서가 아니라 너의 행동에 대한 벌이야"라고 이야기 해 주면 된다.

또 하나의 주의사항은 타임아웃이 끝난 후에 "네가 뭘 잘못했는지 얘기해 봐"라는 식의 고백을 요구하는 말은 삼가하는 것이다. 어떤 행동때문에 벌을 받았는지를 이해하는 것으로도 타임아웃은 충분하다.

권위 있는 부모와 권위적인 부모는 다르다. 자녀에게 군림하려는 권위적인 부모는 되지 말아야겠지만, 필요한 상황에서 자녀를 통제할 수 있는 부모의 권위를 잃어서는 안 된다.

타임아웃이 필요한 행동들

- 남을 폭행하고 위협하는 행위
- 말대꾸나 버릇없이 굴기
- 분노, 발작
- 비명 지르기
- 꼬집기, 할퀴기
- 욕하기
- 남을 발로 차기
- 남의 물건 빼앗기, 던지기
- 물건 부수기
- 큰소리로 불평하기
- 남의 일 방해하기
- 하지 말라는 지시에 따르지 않기
- 적개심을 가지고 남 괴롭히기

효과만점의 보상방법, 점수제도

점수제도는 어떤 보상방법보다도 효과가 강력하다. 또 시간, 장소에 구애받지도 않는다.
점수에 따라 사용할 수 있는 다양한 특권을 준비하여 아이에게 제시해 보자.

'수치'를 이해할 수 있는 8세 이상의 아이들은 칩 제도를 이용하는 것
보다 점수제도로 통솔하는 것이 효과적이다. 점수제도는 옳은 행동과 그
른 행동을 나눠 그에 맞는 점수를 주거나 빼앗아서 아이의 행동양식을 한
눈에 알아볼 수 있게 만드는 것이다.

점수제도는 칭찬이나 관심, 다른 보상제도보다 강력한 효과를 나타낸
다. 수치적인 게임을 좋아하는 시기이기 때문에 자신의 점수를 늘이기 위
해 칭찬받을 수 있는 행동을 구분해서 실천한다. 따라서 아이를 더 빠르
게 순종시킬 수 있고, 시간과 장소에 구애받지 않고 실시할 수 있는 장점
이 있다. 또한 공정하고 체계적으로 진행되기 때문에 아이의 불만을 최소
화할 수 있고, 부적절한 행동의 개념이 명확하게 이루어진다. 무엇보다
부모는 점수를 줘야 하기 때문에 아이에게 관심을 기울이게 되는데, 이로

써 아이와의 친밀도를 높일 수 있다.

점수제도를 시행하기 위해서는 우선 점수에 따라 사용할 수 있는 다양한 특권을 줘서 아이에게 동기를 부여하고 참여하고 싶은 마음을 갖게 해야 한다. 그리고 아이가 적절한 행동을 했을 때 얼마만큼의 보상을 받을 수 있고, 특권을 누리기 위해서는 얼마의 점수가 필요한지 자세한 설명도 덧붙인다.

점수제도 규칙

점수제도는 먼저 칩 제도처럼 적절한 행동들의 목록을 작성하는 것부터 출발한다. '자기 방 청소하기', '숙제하기', '심부름하기' 등이며, 아이가 적절한 행동을 했을 때 점수를 부여한다. 점수는 목록을 등급으로 나누어 미리 정해놓는 것이 좋다. 그러면 아이는 행위마다 조금씩 달라지는 가치를 깨닫는 데도 수월할 것이다. 아울러 부적절한 행동들의 목록도 작성한다. '말대꾸', '욕하기', '때리기', '짜증내기' 등이 있으며 아이가 그릇된 행동을 할 때마다 점수를 그만큼 뺀다.

점수는 하루 기준으로 더하며, 점수가 모이면 '게임하기', '외식하기', 'TV 보기' 등의 특권을 준다. 하루 동안 얻은 점수들을 더해 특권을 누리기에 충분한 점수가 모였다면 아이가 언제라도 사용할 수 있도록 해야 한다. 그러나 심각한 잘못을 저질렀다면 특권을 잠시 미룰 수도 있다.

명심해야 할 점은 전날 얻은 점수는 다음날로 넘기지 말아야 하고, 매일 남은 점수가 한 주의 총점이 된다는 것이다. 또, 아이의 연령에 맞는 특권목록을 작성해야 하며, 일이 어려울수록 더 많은 점수를 줘야 한다. 예를 들어 스스로 옷 입기가 20점이라면 자기 방 청소하기, 숙제하기는 30점을 준다.

★ 점수 기입 노트 ★

날짜	항목	얻은 점수	뺀 점수	남은 점수
6월 10일	심부름 하기	10점	-	10점
6월 12일	방 청소	10점	-	20점
6월 13일	말대꾸	-	5점	15점

아이에게 요구하기를 어려워하는 엄마들

부모의 요구가 아이에게 잘 받아들여지지 않는 이유는 아이가 반항적이라서가 아니라 부모가 제대로 요구를 못했기 때문이다. 부모의 역할을 제대로 하기 위해서는 아이가 자신의 요구를 잘 받아들일 수 있도록 만들어야 한다.

아이에게 무엇인가 부탁하는 것이 어렵다고 말하는 엄마들이 많다. 이런 부모들은 아이에게 간단한 심부름을 시키는 것도 수월한 문제가 아니다. 엄마들이 아이에게 요구를 잘 하지 못하는 이유는 요구를 잘못 이해하고 있기 때문이다. 요구는 어떤 행위를 해 줄 것을 청하는 일인데, 그것을 일방적인 명령으로 여기는 경우가 많다.

그도 그럴 수밖에 없는 것이 부모 자신도 명령조의 요구를 받고 자라왔기 때문이다. "가게 가서 두부 좀 사와!", "빨리 방 치워!" 등 어떤 행위를 청하는 것이 아니라 일방적으로 지시를 받았기 때문에 요구는 강압적인 것으로 자연스럽게 여기게 된 것이다. 왜곡된 요구가 아이에게 얼마나 스트레스를 주는지 경험을 통해 잘 알기에 본인도 아이에게 부탁을 하는 것이 조심스러울 수밖에 없다.

또, 왜곡된 요구의 거절로 아이와 대립하는 것을 두려워하는 경우도 있다. 부모는 아이와의 갈등이 본인과 자식에게 안 좋은 영향을 준다는 것을 잘 알고 있다. 그래서 되도록이면 아이와의 대립을 피하기 위해 신경을 쓴다. 부모에게서 요구는 이미 갈등 원인의 한 부분으로 인식되어서 하지 않으려고 하는 것이다.

하지만 언제까지 요구를 하지 않고 아이를 키울 수는 없는 일이다. 부모의 역할을 제대로 하기 위해서는 아이가 자신의 요구를 잘 받아들일 수 있도록 만들어야 한다. 그렇기 위해서 무엇보다 요구를 올바로 이해하는 것이 필요하다.

아이의 거절은 부모가 제대로 요구하지 못한 탓

요구는 부탁하는 사람이 자신의 사정을 이해받고 상대가 그것에 대신 응해 줄 것을 설득하는 것이다. 요구에서 간과하지 말아야 할 것은 상대에 대한 인격적인 대우이다. 요구의 대상이 무시당하고 있다는 느낌을 받으면 안 되는 것이다.

"엄마가 음식 준비로 바쁜데, 채원이가 대신 두부 좀 사다 줄 수 있겠니?"

"채원이 방이 지저분해 보이는데 조금만 치우면 깨끗해지겠다. 한 번 치워 볼까?"

위의 예문에서처럼 엄마는 아이에게 요구를 하는 이유를 이해시켜야 한다. 그리고 '자기 것'이라는 소유욕이 강한 아이의 마음을 움직여서 스스로 할 수 있게 은근한 요구를 해야 한다.

부모의 요구가 아이에게 잘 받아들여지지 않는 이유는 아이가 반항적이라서가 아니라 부모가 제대로 요구를 못했기 때문이다. 예를 들어 아이가 위험한 물건을 가지고 놀 때 "위험하니까 그만두지 못해!", "그 물건에서 얼른 손을 떼"라고 말을 하는데, 이런 강압적 요구는 아이에게 위협감만 준다. 아이가 요구에 응하게 하려면 아이가 하는 행동이 엄마에게 어떤 감정을 갖게 만드는지, 그리고 자신에게 어떤 위험을 초래하는지 구체적으로 알려주어야 한다.

이를 테면 "계단에서 장난치는 일은 무척 위험하단다. 자칫 잘못하면 떨어져서 크게 다칠 수도 있거든. 엄마는 채원이가 다칠까 봐 무척 걱정이 돼"라고 하면서 아이에게 장난치지 말 것을 요구하는 식이다. 그러나 대부분의 엄마들은 자신의 감정을 표현하는 일에 무척 서툴다. 그래서 아이가 걱정되는 상황인데도 자신의 감정을 솔직히 드러내기보다는 윽박지르는 것으로 대신할 때가 있다.

이런 엄마들은 감정 훈련이 필요하다. 우선 자신에게 어떠한 감정이 있는지를 살펴보고, 아이의 행동 중에 자신이 받아들일 수 없는 것을 목록으로 작성한다. 그런 다음 목록에 들어 있는 행동에 대해 어떠한 감정을 느끼며, 왜 그러한 감정을 느끼는지 적어 보면 자신의 감정을 정확하게 표현하는데 도움이 된다.

가령 아이가 진열대에 있는 물건을 흐트러뜨리는 것을 엄마는 받아들이지 못하는 행동으로 생각한다. 그렇다면 엄마는 그 행동에 대해 어떠한 감정을 느끼는지 간단하게 표현할 수 있을 것이다. 이를 테면 '걱정된다', '화가 난다' 등으로 말이다. 그러면 왜 그러한 감정을 느끼는지 이유도 생각을 해야 한다. 그 이유가 '물건을 망가뜨리게 될까 봐', '사람들에게 불편을 끼치지 않을까' 등이라고 한다면 이 모든 것을 종합하여 자신의 감정을 정확하게 표현할 수 있을 것이다.

"진열대의 물건을 함부로 만지면 망가뜨릴 염려가 있어. 엄마는 그게 걱정되는구나", "채원이의 행동은 사람들에게 불편을 끼치는 일이라 엄마는 화가 나는구나"라는 식으로 말이다.

이때 엄마들 중에 자신의 감정을 지나치게 꾸미려고 하거나 정확한 표현을 찾으려고 애쓰는 사람이 있는데, 아이는 "걱정이다", "피곤하다", "정신이 없다", "조바심이 난다", "싫다" 등처럼 기본적인 감정으로 전달해야 이해가 쉽다.

요구를 할 때에는 이유를 잘 설명해 줘라

그리고 아이는 "왜 그런지"에 대해 알고 싶어 하므로 그냥 감정만 표현하지 말고, 왜 엄마가 그렇게 느끼는지에 대한 이유를 꼭 전달해야 한다. 이유를 설명하지 않으면 아이는 '왜 하면 안 되지?', '왜 엄마는 걱정을 하는 걸까?'라고 생각하여 엄마의 요구에 거부감을 느끼게 된다.

지인 중의 한 명이 아이와 백화점에 갔다가 창피당한 일을 말해 준 적이 있었다. 아이에게 신발을 사주기 위해 신발 매장에 들렀다고 한다. 아이는 엄마가 골라준 신발이 마음에 들지 않는다고 신기를 거부했다. 엄마는 화가 났지만 꾹 참고 아이가 원하는 신발을 사주기로 마음먹었다.

그런데 문제는 엉뚱한 데서 터졌다. 아이가 원하는 신발이 아이의 발 치수에 맞는 게 없었다. 할 수 없이 엄마는 아이에게 다른 신발을 선택할 수 있도록 시선을 돌려 보기로 했다는 것이다.

"엄마가 보기에는 이 신발보다 저 신발이 정말 잘 어울릴 것 같아. 저거 한 번 신어 볼래?"라고 부드럽게 말했다고 한다. 하지만 아이는 "싫어. 나 이 신발 살래"라며 떼를 썼고, 이에 엄마는 "지금 이 신발이 너한테 맞는 게 없대. 그럼 다음에 와서 살까?"라고 물었다. 그러자 아이는 울면서 "지금 이거 살 거야, 빨리 사줘"라고 고집을 피웠다고 한다. 결국 엄마도 폭발해 "지금 맞는 사이즈가 없는데 어떡하니? 엄마가 안 사준다는 것도 아니고, 사주고 싶어도 못 사주니까 다음에 오자는 거 아냐!"라고 말하고는 우는 아이를 억지로 끌고 왔다고 한다. 집에서까지 칭얼거리는 바람에 결국은 매장 측의 도움을 받아 택배로 받았다고 한다.

이 경우 엄마는 최대한의 노력을 기울인 것처럼 보인다. 하지만 아이가 왜 원하는 신발을 살 수 없는지 구체적인 이유를 말해 주지 않았다. 그냥 사이즈가 없다는 설명만 했을 뿐, 원인에 대해서는 알려주지 않았다.

"채원이와 발 크기가 같은 친구들이 이 신발을 많이 사갔나 봐. 지금은 채원이 발에 꼭 맞는 신발이 없대. 신발이 작거나 크면 많이 불편하니까 맞는 사이즈가 들어오면 바로 사자! 아저씨한테 '채원이 거 신발 꼭 찜해주세요'라고 부탁해 보렴"과 같이 친절한 설명을 덧붙여야 한다.

부모가 언짢아하는데도 아이가 어떤 행동을 하는 이유는 자신의 욕구를 만족시키기 위해 혹은 자기에게 불쾌감을 주는 것을 피하기 위함이다. 그렇기 때문에 부모가 "그만둬", "당장 엄마 말 안 들으면 혼날 줄 알아"라고 말해도 쉽게 포기하지 않는다. 아이가 스스로 행동을 변화시켜야겠다는 마음이 들 만큼 충분히 이유를 설명해야 한다.

아이는 부모들이 어떤 요구를 했을 때 정확하게 이유를 말해주지 않으면 부모에게 거부당하거나 사랑받고 있지 않다는 느낌을 받는다. 설령 부모의 진심이 그렇지 않더라도 아이는 자기 식대로 이유를 만들어 생각하기 때문에 반발심이 생길 수 있다. 아이가 엄마의 요구를 받아들이기를 바란다면 자신의 감정을 충분히 설명하고, 그 이유나 영향에 대해서 구체적으로 얘기를 해 주도록 하자.

tip *아이에게 요구할 때 주의해야 할 점*

1. 타이밍에 신경 써라.

타이밍이 맞지 않는 요구는 아이에게 반발심을 일으키고 의욕을 떨어뜨린다. 예를 들어 아이가 그림을 그리고 있는데 엄마가 청소를 하라고 시키면 몰두 해서 그림을 그리던 아이는 요구에 대해 거부를 하게 되고 그림을 그릴 마음 마저 사라지게 된다.

2. 요구를 할 때는 명령조로 말하지 않는다.

예컨대 "말 안 들으면 맞을 줄 알아", "빨리 심부름 안 갔다 올래?", "TV 그 만 보라고 했지"라는 식으로 말을 하면 아이에게 반발심이 생겨 변화하는 것 에 대해 저항을 하게 된다.

3. 요구할 때 화를 내지 않는다.

아이에게 "나는 네 행동 때문에 이러한 감정을 느끼고 있다. 그러니까 이것 을 해 줘야 하지 않겠니?"라고 요구를 하는데도 거부를 하는 경우가 있다. 이것은 부모의 요구하는 말 속에 '네가 요구를 들어주지 않아서 단단히 화가 나 있다' 라는 감정이 숨어 있기 때문이다. 그러므로 어느 정도 화를 가라앉 힌 후 아이에게 요구하는 것이 좋다.

4. 처음에 요구했을 때 반응이 없으면 두 번째는 더 강한 메시지를 보낸다.

처음 메시지가 아이에게 전달되지 않았다는 것은 그만큼 메시지가 약했다는 뜻이므로 조금 더 강력하게 요구를 해야 한다. 강압적인 언어를 사용하거나 화를 내라는 말이 아니라 부모의 감정을 솔직하고 구체적으로 표현하면 된 다. 아이가 불장난을 한다면 "가슴이 조마조마해서 못 보겠구나. 그만둬"라 고 말하기보다 "가슴이 조마조마해서 못 보겠구나. 잘못해서 화상을 입으면 영원히 그 흉터가 사라지지 않을 수도 있어. 그러니까 그만두렴"이라고 위험 성을 강조하여 말하면 된다.

5. 엄마의 요구가 얼마나 절실한지를 알린다.

엄마가 절실해 보이지 않으면 아이는 요구를 들어주지 않아도 되겠다는 생각을 한다. 그러므로 아이가 자신의 부탁을 들어주어야만 한다는 분위기를 만들어야 한다.

개선의 여지가 없을 때의 최후 처방전

지시는 모든 아이들에게 같은 방식으로 내려서는 안 된다. 지시도 아이의 성향에 따라 달리 적용돼야 한다. 집중력이 부족한 아이들은 부모가 지시를 하면 그 일부분만을 이해하는 경우가 많다.

부모가 아이를 키우면서 부득이하게 지시를 내려야 할 때도 있다. 지시는 어느 정도 강제성을 띠고 아이에게 명령을 하는 것인데, 요구와는 다른 양상을 보인다. 요구의 경우 상대방에게 부탁하는 의미가 크지만, 지시는 상대방의 복종을 요구하는 의미가 담겨 있다. 지시는 부정적인 측면이 강하기 때문에 웬만하면 사용하지 않는 것이 좋다. 다만, 몇 번의 교육에도 개선의 여지가 없을 때 지시를 내린다면 오히려 효과를 볼 수 있다.

부모가 아이에게 지시를 내려야 할 때에는 아이의 그릇된 행동에 대한 경고성 메시지를 나타날 때이다. 올바른 요구에도 아이가 강하게 반발을 하거나 행동을 이행하지 않을 때, 잘못된 행동에도 반성이 없을 때는 지시를 내려 아이의 잘못을 깨닫게 해야 한다. 가령, 엄마는 아이에게 구체적인 이유를 들어 무엇을 해 줄 것을 요구했다. 하지만 아이는 지속적으로 엄마의 말을 무시하고 화를 냈다. 그때 엄마는 아이의 행동이 바르지 못하다는 점을 알려줄 필요가 있다. 바로 단호한 지시를 내려 아이의 반성을 유도하자. 잘못을 범한 아이에게 부모가 "앞으로 일주일 동안 외출 금지야", "오늘 저녁은 굶어라", "당장 네 방으로 들어가라"와 같은 지시를 내리는 장면은 TV 속 화면에서 익숙한데, 이 상황을 생각하면 지시의 시기를 이해하기 쉽다.

아이의 성향에 따라 지시를 내린다

지시는 모든 아이들에게 같은 방식으로 내려서는 안 된다. 지시도 아이의 성향에 따라 달리 적용돼야 한다. 집중력이 부족한 아이들은 부모가 지시를 하면 그 일부분만을 이해하는 경우가 많다. 그래서 본의 아니게 엉뚱한 행동을 하여 부모를 당혹시킬 때가 있다. "책장에 그림책을 꽂으렴"이라고 했다면 아이는 "책장에 있는 그림책을 가지고 오렴"으로 이해하여 책장에서 그림책을 뽑아서 들고 올 수도 있다는 말이다. 부모는 청개구리처럼 반대로 행동하는 아이 때문에 더욱 화가 날 수밖에 없고, 아이는 그렇게 이해를 했기 때문에 그런 식으로 행동했을 뿐인데 화를 내는 엄마를 이해할 수 없게 된다.

이 점을 모른 채 화가 난 엄마는 "어쩌면 애가 그러니?", "엄마 말을 듣긴 듣는 거야?"라고 하면서 아이에게 수치심을 주는 말을 할 수도 있다. 그래서 엄마가 부득이하게 지시를 할 때도 아이의 성향을 고려해야 하는 것이다.

아이에게 효과적으로 지시를 내리려면 어떤 일을 시키기 전에 이 일이 꼭 필요한 일인가 부모가 먼저 알아야 한다. '해도 그만, 안 해도 그만인

일'은 지시하지 않는 것이 좋다. 부모가 아이에게 자주 '이거 해라 저거 해라'하는 식으로 시키는 게 너무 많으면 아이는 부모의 지시를 가볍게 보기 때문이다.

지시를 내리기 전에도 요구를 행할 때처럼 아이가 그것을 할 수 있는 상황인지 살펴봐야 한다. 이미 몇 차례 부모의 요구가 관철되지 않은 자녀는 다른 일에 몰두를 하고 있는 경우가 많다. TV를 보고 있거나 컴퓨터 게임을 열심히 하고 있어서 다른 일을 하도록 지시받더라도 아이는 상황 파악이 쉽지 않아 지시에 반응하고 따르기 어렵다. 그러므로 지시를 할 때에는 아이가 하고 있는 일, 즉 TV나 컴퓨터를 끄게 한 뒤 지시하는 것이 좋다.

그리고 부모의 말에 주의를 기울이고 있는지 확인도 해야 한다. 아이에게 지시를 내렸어도 아이가 딴전을 피우고 있는 상태라면 지시가 효과적으로 전달될 리 없다. 엄마가 지시를 내리는 중에 손가락을 매만지거나 딴 곳을 쳐다보고, 다른 생각을 하는 것 같아 보이면 아이는 자신이 지시를 받는 것에 대해서 금세 잊어버린다.

시선을 맞추고 간결하게 지시한다

아이의 주의를 끄는 가장 좋은 방법은 아이와 시선을 맞춘 상태에서 지시를 내리는 것이다. 아이에게 가까이 다가가서 눈을 마주보며 얘길하면 아이는 엄마의 단호한 태도를 금방 읽을 수 있다. 그리고 소리를 지르지 말고 보통 크기의 목소리로 간결하게 지시해야 한다. 특히 산만하거나 주의력 결핍장애가 있는 아이들은 소리에 민감하므로 고함을 치거나 하면 거부반응을 보인다.

늘 그럴 필요는 없지만 주의 집중력이 아주 약한 유아의 경우에는 엄마의 지시를 반복해 보도록 함으로써 지시한 말을 아이가 이해했는지를 확인하는 것도 좋다. 아이가 지시한 말을 반복했다면 "그렇지. 이제 해 봐"라고 말하고, 그렇지 않다면 다시 지시하고 반복하게 한다.

한 가지씩 지시한다

한 번에 너무 많은 것을 시키지 말고 한 가지씩만 하자. "가방에 있는 책을 책상 위에 올려놔라"라고 지시했을 때 한 번에 알아듣는 아이도 있지만 그렇지 못한 아이도 있다. 그러므로 우선 아이에게 "가방 속에 있는 책을 꺼내렴"하고 먼저 지시를 내린 다음 "그것을 책상 위에 올려두렴"이라고 말을 해 준다.

너무 복잡한 일을 한꺼번에 시키면 아이는 쉽게 좌절하고, 부모 말을 듣지 않을 수 있다. 작은 단계로 나눠 시키는 것이 가장 효과적이다. 그러다 보면 차츰 복잡한 일도 스스로 단계를 나눠 실행할 수 있는 독립적이고 자주적인 아이로 자란다.

지시한 후에는 옆에서 지켜본다

엄마들 중에 "엄마 설거지하고 올 테니까 그때까지 장난감 정리해 놔"라고 말하면서 자리를 뜨는 경우가 있는데, 지시를 한 후에는 반드시 옆에서 아이를 지켜봐야 한다. 그렇지 않으면 아이는 장난감을 정리하지 않으므로 아이를 지켜보며 그때의 생각들이나 칭찬, 혹은 고마움을 표현해야 한다.

"엄마 말대로 네가 장난감을 치우니까 정말 좋구나."

"네가 장난감을 정리하니 방이 얼마나 깨끗해졌는지 좀 보렴."

"엄마 말대로 해 주니 참 기쁘구나."

아이의 행동에 대해서 느낀 점들을 구체적으로 말해 준다. 꼭 다른 일을 보기 위해 자리를 떠야 하는 경우라면 자주 되돌아와 칭찬을 해 줘야 한다.

지시할 때는 약간의 강제성이 있어야 하므로 사정하듯 하면 좋지 않다. 가장 효과적인 지시의 말투는 평소처럼 하되, 지시하려는 것을 직접적으로 간단, 명료하게 표현해야 한다. 애매하게 부탁조로 하면 아이에게 오히려 혼란만 줄 뿐이다.

시기를 놓치면 안 되는 인성교육

순자(荀子)가 말하길, "푸른 색깔은 쪽에서 나오지만 쪽보다 더 푸르고, 얼음은 물이 만들지만 물보다 더 차다"라고 했다. 아이의 그릇된 행동은 부모의 사소한 실수에서 비롯된다.

요즘같이 폭력적이고 자극적인 미디어가 넘쳐나는 시대에 부모들은 아이들을 어떻게 키워야 할지 많이 난감해 한다. 아이는 어디서나 미디어에 접근이 용이하고, 미디어의 영향력은 어른 아이 할 것 없이 엄청나다. 개그 코너에서 선보인 말이 다음날 아침이면 선풍적인 유행어가 되어 너나할 것 없이 사용하는 것을 보면 다시 한 번 미디어의 영향력에 놀라곤 한다. 한편으로 무엇이든 쉽게 받아들이는 아이들에게까지 나쁜 영향을 미치는 것은 아닌지 염려되기도 한다. 뉴스를 보면 대부분의 십대 범죄는 미디어를 보고 그대로 따라한 것뿐이라는 아이들의 어처구니 없는 말이 나오기 때문이다. 실제로 아직 도덕적 판단이 미숙한 아이들은 미디어를 통해 습득된 행동들을 단순한 호기심으로 따라하는 경우가 많다.

아이를 사려 깊고 정의로운 사회인으로 키우려면 옳고 그름을 판단할 줄 아는 도덕적 분별력을 길러 주어야 한다. 도덕적 분별력은 어렸을 때부터 부모의 세심한 관심을 기울여야 하는 부분이다. 몇몇 부모들은 아이가 어느 정도 지적 능력을 갖춘 다음에 인성교육을 시켜도 늦지 않다고 생각하는데, 인성교육은 시기를 놓치면 부모가 아무리 교정하려고 해도 잘 되지 않는다.

'오모이야리' 교육을 최우선으로 시키는 일본인

일본 여행을 다녀온 관광객들은 일본의 깨끗한 거리와 사람들의 질서정연한 모습을 보고 깜짝 놀란다. 화장실이나 버스 정류장, 전철 등의 공공장소에서 '한 줄 서기', '쓰레기 함부로 버리지 않기', '다른 사람에게 피해주지 않기' 등의 규범은 일본에서는 아주 어린 아이들조차 당연하게 지켜야 할 덕목이다. 나이 어린 아이라고 해서 공공장소에서 소리를 지른다거나 뛰어다니는 모습은 찾아볼 수 없다.

무질서한 모습이나 흐트러진 모습을 찾아볼 수 없을 정도로 정리정돈이 잘 되어 있는 나라 일본. 이러한 일본의 모습을 갖추게 된 데에는 가장 작은 단위의 사회 즉, 일본의 가정교육의 공이 크다. 일본의 부모들은 정직, 친절, 청결, 책임, 예절, 단합 등을 자녀 교육의 덕목으로 삼고 교육을 시키고 있다. 가정 내의 이러한 인성 교육의 실천이 일본의 성숙한 시민의식과 기업정신으로 이어진 것이다.

한 예로 일본 사람들은 자신이 당해서 싫은 것은 다른 사람에게도 하지 않는다. 그래서 발달한 것이 '오모이야리思い遣り'라는 덕목이다. 이 것은 남에게 폐를 끼치지 않고 질서를 존중하는 일본인의 긍정적인 성품을 대표하는 말로, 인간관계에 있어서 다른 사람에게 불필요한 스트레스

를 주지 않음을 원칙으로 한다. 일본인들이 청소기나 세탁기를 새벽이나 한밤중에 사용하지 않는 것도 가전제품에서 나는 소음이 이웃에게 피해를 줄 수 있다는 생각 때문이다. 아주 작은 것이지만 다른 사람을 배려하는 예의가 깃들어 있다.

그뿐만이 아니다. 일본의 대도시 곳곳에 있는 크고 작은 공원에는 하루에도 수많은 사람들이 들락거리는데도 공원 안은 언제나 깨끗하다. 샌드위치를 먹기 위해 나온 사람, 아이들과 맑은 공기를 마시러 산책을 나온 아줌마, 스트레스를 풀기 위해 잠시 나온 직장인들까지 다양한 사람들이 공원을 다녀가지만 몰래 버린 쓰레기나 꺾인 꽃, 부러진 나뭇가지, 짓밟힌 잔디는 찾아볼 수가 없다. 물론 공원을 관리하고 청소하는 사람이 있긴 하지만 그들의 손길만으로 공원이 항상 깨끗하게 유지되는 것은 아니다.

누가 시키지 않아도 공원에 비치된 쓰레기통에 쓰레기를 담고, '잔디에 들어가지 마세요'라는 팻말이 없어도 잔디를 밟지 않는 것은 공원을 다녀가는 사람들 모두가 어릴 때 가정에서부터 '오모이야리思い遣り'를 교육받았기 때문이다.

이처럼 일본인들이 '오모이야리思い遣り' 덕목을 아이들에게 최우선으로 교육시키는 이유는 그들이 대인관계를 중요시하는 사람들이기 때문이다. 일본인들은 자녀 교육을 내 아이만 잘되기 위해 시키는 것이라고 생각하지 않는다. 아이가 커서 올바른 사회구성원으로 자라게 하는 것이 자녀 교육이라고 생각하기 때문에 남을 위한 배려와 사회 구성원으로서 지켜야 할 예의범절을 최우선으로 가르치는 것이다. 일본인들의 이러한 교육방침은 아이가 말을 하기 시작하는 두 살 때부터 시작된다고 한다. 우리나라 부모들이 자녀들의 지능 개발이나 재능 교육에 힘쓸 때 그들은

사회 예절 교육을 시키는 것에 열성을 쏟는다. 따라서 일본인들은 자녀들이 집 안에서는 자유롭게 생활하도록 하는 대신 공공장소에서는 엄격하게 행동을 규제한다. 공공장소에서 울거나 떼를 쓰는 아이, 지하철 의자에 신발을 신고 올라가는 아이 등을 가만히 놔두지 않고 엄하게 꾸짖는다. 물론 야단을 칠 때에도 다른 사람에게 피해가 가지 않도록 소리치지 않고 자리를 피해 야단을 치거나 조용히 타이른다.

인사 예절도 일본인들이 아이들에게 철저하게 시키는 가정교육 중 하나다. 일본 아이들이 가장 먼저 배우는 말이 "고맙습니다", "실례합니다"라고 할 정도이다. 식사 후에 감사의 마음을 표현하고, 친구 집에 놀러가서도 먼저 실례한다는 인사를 건네는 일본 아이들. 이 아이들이 자라 지금의 일본을 형성하고 있는 것이다. 일본이 친절과 질서, 예의로 대표되는 나라가 된 데에는 이러한 가정교육이 뿌리가 된 것이다.

미셸 보바의 일곱 가지 도덕적 능력

교육학 박사인 미셸 보바Michelle Borba는 정의로운 아이로 만들려면 '일곱 가지의 도덕적 능력'을 키워야 한다고 말했다. 우선 다른 사람의 문제를 상대의 입장에서 생각하는 '공감 능력'으로, 이 능력이 형성되면 아이는 다른 사람의 생각이나 의견을 이해하고 배려심을 갖게 되며, 또 남에게 상처를 주지 않기 위해 자신의 감정을 자제하게 된다.

옳고 그름을 판단하는 '분별력'도 필요하다고 했는데, 이 능력이 부족하면 아이는 나쁜 유혹에 쉽게 빠지고, 비윤리적이고 잔인한 행동을 하고도 죄책감을 느끼지 못하게 된다.

사람이나 물건을 소중하게 생각하는 '존중감'도 부족하면 물건을 아낄 줄 모르고, 예의가 없고, 생명을 소중히 여기지 않는 아이가 된다. 또,

다른 사람을 배려하고 관심을 보이는 '친절'이 부족하여 자신만 아는 이기적인 아이가 되고 사랑을 베풀 줄 모르게 된다.

자신의 감정이나 생각을 조절할 수 있는 '자제력'도 있어야 한다. 이 능력이 없는 아이는 잔인하고 폭력적인 행동을 거리낌 없이 하게 되며, 다른 사람의 존재가치와 권리를 존중하는 '관용'이 없어서 편협한 생각에 갇히게 된다. 그렇기 때문에 다양성을 받아들이지 못하고 다른 사람에게 상처를 주는 일을 자연스레 하게 되는 것이다.

올바르고 정직하게 행동하는 '공정함'이 부족해도 아이들은 규칙을 지키지 않고 양보할 줄도 모르며 독단적으로 행동한다.

아이는 부모를 그대로 따라 한다

많은 부모들이 "나는 교육을 잘 시키는데 아이가 왜 비뚤어지는지 모르겠어요"라고 말하지만, 아이의 모든 문제는 부모의 잘못된 인성 교육에서 비롯된다. 가르침은 주되 스스로 실천하지 않는 부모, 무조건 아이의 행동을 감싸는 부모, 인성교육의 중요함을 모르는 부모 자신은 과연 어떤 부모인지 냉정히 통찰해 볼 필요가 있다.

순자荀子가 말하길, "푸른 색깔은 쪽에서 나오지만 쪽보다 더 푸르고, 얼음은 물이 만들지만 물보다 더 차다"라고 했다. 아이의 그릇된 행동은 부모의 사소한 실수에서 비롯될 수 있다. 아이가 부모의 거울임을 잊지 말고, 항상 모범이 될 수 있도록 자신을 돌아보고 행동에 각별한 주의를 기울이는 노력이 필요할 것이다.

고집이 센 아이를 키울 때는
타협하는 법부터 익혀라

고집 센 아이는 스스로 선택하고 생각을 정리하게끔 만들어 줘야 한다. 화부터 내지 말고, 자녀가 스스로 결정할 수 있게 도와주어라.

초등학교 3학년 남자아이 정운(가명)이는 학교에서 선생님이 지시하는 것이 마음에 내키지 않으면 꿈쩍도 하지 않고 가만히 앉아 있기만 했다. 그러나 자신이 원하는 것이 있거나 좋아하는 일이라면 너무나 열심히 잘하는 아이였다. 그런 정운이가 병원에 찾아온 이유는 전혀 예측할 수 없었던 행동을 했기 때문이었다. 평소 온순한 아이였던 정운이는 친구에게 괴롭힘을 당하자 어느 날부터인가 오히려 자신이 다른 약한 친구를 때리고 괴롭히게 된 것이다.

사실 정운이는 어려서부터 하고자 마음먹은 일은 꼭 해야 하는 고집스런 아이였다. 갖고 싶은 장난감이 있으면 며칠 동안 졸라서라도 꼭 손에 넣어야 했다. 옷도 자기가 원하는 것만 입어야 했고, 먹고 싶은 음식만 먹으려고 해서 편식도 심한 편이었다. 또, 뭔가에 몰두해 있으면 불러도

대답을 하지 않아 엄마의 애를 먹이곤 했다.

정운이가 그럴 때마다 다소 보수적인 정운이 엄마는 협상이나 타협을 하는 대신 강제로 복종시키려고 했다. 또, 맞벌이를 하느라 가기 싫어하는 어린이집을 몇 년 간 억지로 보내기도 했었다고 한다. 어떤 경우에도 자신의 의사나 감정이 존중되었다고 느끼지 못했던 정운이는 갈수록 고집은 세지고 자신보다 약한 사람에게는 공격적인 행동까지 보이게 된 것이다.

고집 센 아이와는 타협하라

정운이처럼 고집 센 아이들은 하고 싶은 일을 못하도록 막고, 하기 싫은 일을 억지로 시키는 것은 매우 힘든 일이다. 그러므로 고집이 센 자녀를 키우는 부모들은 화부터 내지 말고 먼저 아이와 타협하는 법을 익혀서 해결 방법을 찾도록 노력해야 한다.

아이의 친구가 놀러왔다고 치자. 아이가 친구는 장난감을 못 만지게 하고 함께 가지고 놀려고도 하지 않는다면 부모 입장에서는 미안한 마음 때문에 무조건 윽박지르고 꾸짖어 아이를 질책한다. "너는 왜 그렇게 네 생각만 하니? 장난감은 같이 가지고 노는 거야!" 똑같은 상황이라도 아이의 감정을 방임하는 허용적인 부모는 "네가 친구와 나누어 갖는 게 싫구나. 네 마음대로 하렴"하고 반응할 것이다.

그러나 바람직한 부모는 이러한 상황을 아이의 감정을 존중해 주면서 문제해결 능력을 키울 수 있는 기회로 이용한다. 즉, 아이의 생각에 먼저 귀 기울여 주고 아이에게 선택권을 주어 최선의 선택을 할 수 있도록 유도하는 것이다. "네가 좋아하는 장난감을 친구와 함께 가지고 노는 게 싫으니? 그럼 그 장난감을 치우고 네가 같이 가지고 놀기를 원하는 장난감을 꺼내서 같이 노는 건 어떨까? 너는 어떻게 했으면 좋겠니?"라고 말이다.

같은 결정이라도 정운이처럼 고집 센 아이는 스스로 선택하고 생각을 정리하게끔 만들어 줘야 한다. 부모 입장에서도 지시하려는 것이 꼭 필요한 일인지 먼저 살펴봐야 한다.

미국의 아이들이 부모나 교사에게 많이 듣는 말 중의 하나가 바로 "네 생각은 어떠니?"라는 물음이다.

"지금 집안청소를 하려고 하는데, 네 생각은 어떠니?"

"주말에 뉴욕에 있는 할아버지 댁에 가려는데, 네 스케줄은 어떠니?"

보통 우리나라 부모들 같으면 "이따가 할아버지 댁에 갈 테니, 그리 알아"라고 명령조로 말을 하는 경우가 대부분이다. 어린아이에게 설명이나 동의를 구할 필요가 없다고 생각하기 때문이다.

미국의 부모들은 어른과 마찬가지로 자녀도 하나의 인격체로 대하기 때문에 미리 자녀의 의사를 물어보고 존중한다. 자신의 의사를 존중받고 자란 아이는 어른이 되었을 때 분명하게 자신의 입장을 밝힐 수 있으며, 다른 사람의 입장도 존중해 주는 사람이 될 수 있다.

고집을 장점으로 만드는 것은 부모의 몫

'W이론'으로 유명한 이면우 교수는 인류 발전에 기여한 사상가, 정치가 등은 어릴 때부터 주관이 뚜렷했다면서 고집이 센 자녀를 지원하라고 조언하고 있다. 자녀가 고집이 세다는 것이 꼭 나쁜 것만은 아니다. 다만 이러한 기질을 어떻게 장점으로 발전시킬 것인지는 부모의 몫이다. 절대적인 원칙, 즉 안전에 위협을 주거나 남에게 피해를 주는 것이 아닌 경우에는 아이의 의견을 들어주고, 귀 기울여 줄 필요가 있다.

자녀가 너무 고집이 세다면 몇 가지의 절대적인 원칙은 정해 놓고, 일관성 있고 단호하게 적용하도록 하자. 또, 부모가 애써 훈육하는 것보다 자연스럽게 아이에게 깨닫게 해 주는 과정도 필요하다. 예를 들면 아침에 일찍 일어나라고 여러 번 이야기를 해도 말을 듣지 않는다면 자녀 스스로 일어나서 학교에 가도록 내버려 두는 방법도 괜찮다. 늦게 일어나서 허둥지둥대며 학교갈 준비를 하고 학교에 지각까지 한다면 '아침에 일찍 일어났다면 좋았을 걸' 하고 스스로 후회하게 될 것이다. 이렇게 되면 자녀와 부모 사이의 갈등 관계도 해소될 뿐만 아니라 아이들에게 책임감을 심어줄 수 있다.

산만한 아이와 효과적으로
대화하는 5가지 방법

머리는 좋은 것 같은데 생각만큼 학습효과가 없거나 노력하지 않는 것처럼 보이는 아이는 주의력결핍 과잉행동장애가 있는지 한 번 생각해 보아야 한다.

산만하고 집중력이 없는 아이들은 대개 부모의 말에 순종하지 않는다. 그래서 자주 야단을 맞거나 지적을 받고, 부모도 자녀와의 관계에서 많은 좌절을 경험하게 된다. 어떻게 하면 산만한 자녀를 둔 부모와 자녀가 서로의 어려움을 이겨낼 수 있을까?

첫째, 집중력이 떨어지는 아이들에게는 되도록 10단어 이하로 짧게 이야기한다. 산만한 아이들에게는 아무리 중요한 이야기라도 10단어가 넘어가면 '불필요한 훈계, 잔소리'가 될 뿐이다.

둘째, 부모가 느끼는 생각이나 느낌을 '나-전달법'으로 표현한다. 예를 들면 "엄마는 약속 시간에 네가 나타나지 않아 몹시 당황했단다"는 식으로 부모 자신의 감정이나 생각을 전달해 주어야 한다. 같은 내용이라도 "넌 왜 약속 시간에 나타나지 않았니?"라고 말하면 비난의 의미로 받아들이기 쉽다. 산만한 아이들은 비난도 뉘앙스에 따라 민감하게 반응한다. 그 탓에 쉽게 마음을 닫아 버리기도 하여 부모를 상대하지 않거나 더 반항적인 행동을 하곤 한다.

셋째, 부모가 말하기 전에 아이 말을 먼저 들어줘야 한다. 대개 산만한 아이들은 자기주장과 자기표현을 잘 못하는 경향이 있다. 말은 많지만 조리가 없거나 요지가 없이 엉뚱한 곳으로 새어 버린다. 그래서 아이 말을 중간에서 끊어 버리고 자신의 이야기를 일방적으로 해 버리기 일쑤이다. 부모는 아이의 십분의 일만 말한다는 심정으로 하고 싶은 말이 많아도 참고 아이의 이야기를 끝까지 들어야 비로소 대화가 가능해진다.

넷째, 아이의 말을 들을 때는 경청하고 있다는 신호를 아이에게 끊임없이 보내야 한다. 즉, 눈을 마주치고 고개를 끄덕이며, "으응, 그렇구나" 등과 같이 관심이나 긍정의 뜻을 전달해야만 아이는 의욕을 갖고 자기표현을 하게 된다. 부모가 다른 곳을 바라보거나 대꾸도 하지 않고 팔짱을 끼고 듣는다. 자존감이 낮은 산만한 아이들은 자신을 거부한다고 느껴 상처를 받고 더 이상의 대화를 하려고 하지 않는다.

마지막으로, 한 번에 한 가지 주제만을 가지고 이야기하자. 지나간 이야기나 여러 가지 주제를 가지고 이야기하다 보면 과거의 잘못을 비난하게 되어 현재의 문제나 주제에 집중할 수 없다. 부모가 어떤 태도로 아이와 대화하느냐에 따라 부모는 좋은 '조언자'도 될 수 있고 불필요한 '잔소리꾼'도 될 수 있다.

주의력결핍 과잉행동장애의 진단

산만한 아이들을 대개 머리는 좋은 것 같아도 생각만큼 학습의 효과가 없고, 때로는 노력하지 않는 게으른 아이로 보여 엄마들의 걱정을 산다.

하지만 이런 아이들 중에는 선천적으로 타고난 '주의력결핍 과잉행동장애ADHD'가 있을 수 있으므로, 아이를 탓하고 야단치기 전에 아이가 주의력결핍 과잉행동장애가 있는지 한 번 생각해 보아야 한다. 다음 10개 항목을 정도에 따라 0, 1, 2, 3점으로 표시해 16점 이상이면 상당히 의심할 만하며, 정밀검사가 필요하다고 보면 된다.

① 차분하지 못하고 지나치게 활동적이다.
② 쉽게 흥분한다.
③ 다른 아이에게 방해가 된다.
④ 한 번 시작한 일을 끝내지 못한다.
⑤ 늘 안절부절 못한다.
⑥ 주의력이 없고 쉽게 주의가 분산된다.
⑦ 요구하는 것을 금방 들어줘야 한다.
⑧ 쉽게 울음을 터트린다.
⑨ 금방 기분이 확 변한다.
⑩ 화를 쉽게 터뜨린다.

정밀검사의 경우 먼저 지능 검사를 통해 주의력이나 집중력을 요하는 항목에서 다른 항목에 비해 현저히 낮은 점수를 기록하는지 살펴본다. 다음 집중력 검사를 실시, 자극에 반응하는 양상을 본다. 자극에 대한 반응이 너무 빠르거나 느린지, 부주의해서 실수를 많이 하는지 생각 없이 충동적으로 반응하는지, 이런 반응에 일관성이 있는지 아니면 비일관적으로 반응하는지를 본다. 그리고 이런 반응들이 환경적인 자극이나 박탈에 의해 발생한 것이 아닌지를 보기 위해 정서 상태를 검사한다.

주의력결핍 과잉행동장애의 치료

일단 주의력결핍 과잉행동장애가 진단되면 치료는 비교적 수월한 편이다. 먼저 약물치료가 있다. 약물치료에 대해 거부감을 갖는 경우가 많지만 부작용만 없다면 효과는 탁월한 편이다. 약을 먹었을 당시에 보이는 식욕 부진이나 수면 장애, 메스꺼움, 복통 혹은 두통 등은 약을 끊으면 즉시 사라지므로 미리 걱정할 필요는 없다. 단, 틱 장애 등을 함께 지니고 있는 경우는 약물치료를 시작하면 악화될 우려가 있기 때문에 주의를 요한다.

약에 의한 부작용이 염려될 경우 최근엔 뉴로피이드백 치료를 실시한다. 이는 뇌가 가지고 있는 자체의 조절 능력과 기능을 강화시킬 수 있도록 특정 부위 뇌의 상태를 컴퓨터 화면을 통해 모니터링하면서 필요에 따라서 집중력을 높여 주거나 유지시켜 주고 충동성을 감소시켜 주는 치료를 하는 것이다. 이는 뇌의 자체 기능을 회복, 강화시키는 치료이지 외부적으로 자극을 주는 것이 아니기 때문에 부작용이 전혀 없다.

이밖에 부모가 아이를 어떻게 다루어야 하는지에 대한 부모교육, 병으로 인해 결핍되기 쉬운 사회성 문제를 보강해 주기 위한 사회기술 훈련을 실시한다. 정서적인 장애 등이 있는 경우는 놀이치료나 심리치료를 병행한다.

지각쟁이 우리 아이, 시간개념 훈련법

시간관리 개념이 없는 아이, 성격이 지나치게 느긋한 아이는 왜 그런 것일까? 타고난 성격이 느긋해서일까? 아니면 엄마를 약 올리려고 하는 행동일까?

"아이가 급한 게 없고 성격이 너무 느긋해요. 약속에도 늘 늦고 학교도 지각이고 학원도 밤낮 지각이에요."

"아침이면 전쟁이에요. 학교 갈 시간이 다 되어도 화장실에 들어가면 나올 줄 모른다니까요."

초등학교 2학년인 민재가명 엄마가 병원을 찾아온 이유를 하소연하였다. 민재 엄마는 그동안 쌓인 감정이 북받쳐 오르는 듯 눈물까지 글썽이며 도움을 호소했다. 매일 아침 아이와 등교 전쟁을 하는 것이 어지간히 힘들었던 모양이다.

그도 그럴 것이 엄마는 그 바쁜 아침시간에 지각하지 않고 학교를 보내야 한다는 강박감에 시달리고, 아이는 그런 엄마의 마음과는 상관없이 거의 매일 지각을 해 학교나 학원 선생님에게 이틀이 멀다하고 전화를 받아야 하는 심정이 오죽했겠는가? 처음엔 타이르기로 시작했다가 점차 고함으로 변했고, 치밀어 오르는 화를 참지 못해 아이에게 손찌검까지 한 적도 있다고 했다.

그쯤 되면 아이는 울면서 엄마 말을 듣게 마련이지만, 엄마는 자책감에 시달리게 된다. 아이도 야단을 맞고 하루를 시작하니 어깨가 축 늘어져 학교에 가고, 가서도 영 기분이 좋지 않다. 그러던 중에 친구가 조금이라도 마음에 안 들게 하거나 건드리면 엄마에게 쌓였던 감정을 폭발시켜 심하게 화를 내거나 싸움을 한다. 이런 악순환이 반복되다 보니 엄마도 아이도 너무나 지쳐 있었다.

전두엽이 제대로 기능하지 못하는 경우

요즘 아이들은 바쁘다. 학습 관리의 반은 시간 관리라 해도 과언이 아닌데, 아이가 시간개념이 없다면 문제이다. 이런 아이들은 대개 집중력도 떨어지고, 의욕도 없으며, 정리정돈도 잘 하지 못한다. 이렇게 정신을 쏙 빼놓고 학교나 학원엘 가니 가서도 제대로 공부를 할 수 없는 게 불 보듯 뻔하다.

시간관리 개념이 없는 아이, 성격이 지나치게 느긋한 아이는 왜 그런 것일까? 타고난 성격이 느긋해서일까? 아니면 엄마를 약 올리려고 하는 행동일까? 이런 아이들은 뇌의 전두엽이 제대로 기능을 하지 못하는 경우가 많다. 뇌의 전두엽은 일을 예측하고 계획을 세우는 실행 기능, 사물을 분류·정리·조직화하는 능력, 집중하여 문제해결의 전략을 세우는 고차원적인 정신기능을 총괄하는 곳이다. 그러므로 선천적으로 전두엽 기능이 다소라도 저하된 아이들은 한마디로 '머릿속이 뒤죽박죽'인 셈이다.

이런 아이들은 '8시 30분까지 학교를 가야 하니 적어도 7시에는 일어나 세수하고, 옷 갈아입고, 밥 먹고 8시에는 집에서 출발해야지. 학교에 가려면 걸어서 20분 정도 걸리니까'라는 것과 같은, 보통사람들에게는 지극히 당연한 계획이 세워지지 않는다. 아무리 부모가 기다리고 기다려도 내버려 두면 서두르는 법이 없다.

왜냐하면 이런 아이들은 무엇이 중요한 일이고 덜 중요한 일인지, 이것이 긴급한 일인지 아닌지, 나에게 필요한 일인지 아닌지를 구분하기 어렵다. 공부도, 생활습관도, 일도 모두 머리가 하는 것이라고 해도 과언이 아닌데, 이런 머리의 핵심인 전두엽 기능이 떨어지기 때문이다. 그렇다고 '전두엽 기능이 떨어져서 그런 것이려니…'라고 쉽게 포기해 버릴 수도 없는 문제이다. 이런 아이들도 어느 정도는 훈련을 통해 극복할 수 있다.

시간개념이 없는 아이 훈련법

먼저 간단한 일이라도 계획표를 가시화해서 순서대로 짜보도록 한다. 예를 들어 '등교 준비는 무엇부터 시작해서 각각 몇 시까지는 어떤 행동을 마친다'는 식으로 말이다. 그리고 이것을 카드로 만들어 눈에 띄는 곳곳에 붙여 놓는다. 학용품을 일정한 자리에 두는 규칙이나 언제까지 어떤 행동을 마치겠다는 이 모든 것이 시간 관리의 기초 위에서 이루어진다. 아이들은 이러한 습관을 통해서 스스로를 통제하고 두뇌 능력까지 높일 수 있다. 또, 학교에 갈 가방을 챙기는 일도 책과 공책, 필기도구, 숙제, 준비물 등 가져가야 할 물건들을 종류별로 분류표를 만들어 붙여 놓고 매일매일 해당 물품을 가방에 넣고 체크하도록 한다. 그리고 물건을 두는 장소를 일정하게 정해서 서랍에 표시하고 정리하는 것을 반복해서 연습시킨다. 이런 일들이 어느 정도 되면 여행 가방 챙기기, 집안의 영수증 분류 등을 맡겨 조직화해서 실행하는 경험을 가져 보게 한다.

이때 명심할 점은 주어진 일이 아이의 현재 능력 수준에 맞아야 하고, 어른들이 먼저 모범을 보여야 한다는 것이다. 또, 아이의 행동에 대해 그때그때 즉각적인 칭찬과 보상을 해 줘야 한다.

아이 때문에 전화 한통도 받기 힘들어요

아이의 방해를 받지 않고 어떤 일을 하고 싶다면 아이가 방해하지 않아도 칭찬과 같은 관심을 보여주어야 한다. 아이에게 '엄마는 내가 얌전히 있을 때도 관심이 있구나' 라는 생각을 심어줘야 아이의 방해는 줄어들고, 부모로부터 점점 독립하게 된다.

"아이 때문에 책 한 줄을 못 읽겠다니까요."

온종일 아이가 졸졸 따라다니며 질문을 하고, 말을 걸고, 장난을 치려 하기 때문에 어떤 일도 할 수 없다는 엄마들이 많다. 엄마들은 "혼자 가서 놀아", "귀찮게 왜 이러니?"라는 말로 아이를 자신의 곁에서 떨어뜨릴 수 없다는 것을 잘 알고 있으며, 어떻게 해야 아이의 방해 없이 일을 할 수 있을까 많은 고민을 한다.

아이가 방해하지 않아도 관심을 보여준다

엄마의 일을 방해하는 아이를 효과적으로 떨어뜨리려면 아이가 왜 그러한 행동을 하는지 파악해야 하는데, 놀랍게도 엄마들은 이미 그 답을 알고 있다. 많은 엄마들은 아이가 그러한 행동을 하는 이유가 '자신의 관심을 끌고 싶어서'가 아닐까 추측을 하는데, 그것이 바로 정답이다. 아이들은 관심을 끌고 싶어서 엄마의 곁을 떠나지 않으려는 것이며, 엄마의 시선을 자신에게 돌리려고 일을 방해하는 것이다.

아이가 이런 행동을 보이는 이유는 얌전하게 놀거나 말을 잘 따를 때에는 부모가 아이에게 제대로 관심을 기울이지 않았기 때문이다. 아이는 경험을 통해 '엄마는 내가 얌전하게 놀면 관심을 보이지 않아'라는 생각을 갖게 되고, 엄마의 일을 방해하는 것이 관심을 받게 하는 좋은 수단으로 여기게 되는 것이다.

엄마 스스로 '나는 아이가 말을 잘 들을 때나 아닐 때나 항상 관심을 가졌는가?'라고 반문을 해 봐야 한다. 판단이 잘 서지 않는다면 이러한 상황을 한 번 떠올려 보자.

부모는 신문을 보고 있고, 아이는 조용히 앉아 그림책을 보고 있다고 하자. 그럼, 부모는 신문 읽기를 중단하고 아이에게 관심을 보여준 적이 있었는가. 당당하게 그렇다고 대답할 부모들은 흔치 않을 것이다. 반대로 아이에게 신문 읽는 것을 방해받아서 하지 말라고 지시를 내리거나 화를 낸 경험들은 많을 것이다. 이 예를 통해 자신을 판단하는데 좀더 수월해졌을 것이라 믿는다.

아이의 방해를 받지 않고 어떤 일을 하고 싶다면 아이가 방해하지 않아도 칭찬과 같은 관심을 보여주어야 한다. 아이에게 '엄마는 내가 얌전히 있을 때도 관심이 있구나'라는 생각을 심어줘야 아이의 방해는 줄어들고, 부모로부터 점점 독립하게 된다.

할 일을 주거나 방해하지 않겠다는 약속을 받는다

아이가 혼자 놀 수 있도록 하려면 요령이 필요하다. 전화통화를 해야 한다면 엄마는 통화를 하기에 앞서 아이에게 할 일을 주거나 방해를 하지 않겠다는 약속을 받고 시작한다.

"엄마 전화통화할 동안 그림 그리고 있을래? 엄마에게 아주 중요한 전화거든"이나 "엄마 전화 끝날 때까지 장난감 가지고 놀고 있어, 방해하면 안 돼"라고 말하면 된다.

그런 다음 엄마는 전화통화를 시작하며, 통화중 1분 이내에 아이를 격려해 주는 것을 잊어서는 안 된다. 잠시 통화를 멈추고 "민이가 혼자 잘 노니까 엄마가 통화하기 한결 편하구나"라고 방해하지 않는 것에 대해 칭찬을 해 주고, "엄마 통화 끝날 때까지 계속 장난감 가지고 놀고 있으렴"하면서 주어진 일을 계속하도록 격려한다. 그리고 엄마는 통화를 계속하면 되는 것이다.

다음에는 전화통화보다 더 긴 시간을 필요로 하는 일을 두고 아이에게 방해하지 말 것을 요구하고 이를 잘 따라주면 그것에 대한 칭찬도 해준다. 이런 식으로 계속 시간을 늘려가면서 엄마도 자신의 시간을 자유롭게 이용할 수 있다. 시간을 점점 늘려갈 때는 반대로 아이를 칭찬하는 횟수를 점점 줄여간다. 그래야 엄마도 일하는 시간을 늘릴 수 있기 때문이다.

만약 아이가 방해를 하려는 느낌이 들면 하던 일을 멈춰 그간 엄마의 일을 방해하지 않았던 것을 칭찬해 주고, 다시 계속할 것을 지시한다. 일을 다 마치면 더욱 아이를 칭찬해 주고, 가끔 상을 주기도 하자. 다만 아이에게 시키는 일들은 흥미를 일으키는 것이어야 한다. 아이가 싫어하는 공부를 시키거나 심부름을 시키면 아이들은 금방 엄마를 방해하려 들 것이다. 그러므로 장난감을 가지고 놀기나 색칠놀이 등과 같이 아이가 좋아할 만한 일을 시켜야 한다.

엄마가 통화를 할 때, 식사준비를 할 때, 손님이 찾아왔을 때, 독서를 할 때, 청소를 할 때, 설거지를 할 때, TV를 볼 때 등 아이가 부모로부터 떨어져서 혼자 놀아야 하는 시간은 일상생활 속에 얼마든지 있다. 평소 아이들 때문에 방해받던 일들을 이러한 훈련 과정을 통해 개선해 나간다면, 엄마는 최소한의 방해만 받으면서 하던 일을 끝마칠 수 있을 것이다.

아이와 외출하는 것이 두려운 엄마들을 위하여

공공장소에서 생기는 아이의 잘못된 행동은 즉시 대처해야 아이를 보다 수월하게 통제할 수 있다.

공공장소에서 문제를 일으키는 아이

5살 경민이는 종갓집 외동아들로, 집안에서 귀여움을 독차지하고 자랐다. 문제를 일으키는 일이 많았지만 부모님이나 할머니, 할아버지는 그저 재롱으로 받아들였고, 아이는 눈치가 빨라 혼을 내려고 하면 애교로 어른들의 화를 누그러뜨리곤 했다. 그러다 보니 경민이는 더욱 통제가 불가능한 아이가 되었고, 특히 밖에 나가기만 하면 문제를 일으켜 동네에서 '민폐보이'라고 불릴 정도였다.

경민이 부모는 그런 경민이가 또다시 사고를 일으킬까 봐 밖으로 나가는 것을 무척 조심스러워 했고, 웬만하면 잘 나가려 하지 않았다. 그러다 외출이라도 할라치면 아이는 나가기 전부터 흥분을 하기 시작했고, 식당에 가면 접시를 바닥에 던져 깨뜨리는 것은 예사하고, 식당 전체를 뛰어다니며 사람들에게 폐를 끼쳤다. 쇼핑을 가도 진열된 상품들을 끄집어내거나 무너뜨리고, 부수기까지 해서 엄마는 경민이 뒤를 졸졸 따라다니며 "미안하다", "죄송하다"라는 말을 입에 달고 다녀야 했다. 아빠도 경민이를 통제하지 못하기는 마찬가지였다. 다만 할 수 있는 거라고는 "가만히 있어"라고 말하거나 구석에 서서 손을 들게 하는 것이 고작이었다.

경민이 부모처럼 아이를 공공장소에 데려가는 것을 두려워하는 부모들은 의외로 많았다. 백화점이나 식당, 다른 집을 방문하거나 여행을 갔을 때에 아이가 문제를 일으키면 경민이 부모처럼 어떻게 해야 할지 엄두가 나지 않아 쩔쩔매기 때문이다.

공공장소에서는 '보는 눈'이 많다는 것이 부모들을 더욱 당황하게 만드는 가장 큰 이유이다. 집에서는 가족만 있으니까 통제가 되지 않더라도 신경이 쓰이지 않는데, 밖으로 나가면 사람들이 많아서 "애를 도대체 어떻게 가르친 거야?", "부모라는 사람들이… 애 단속 좀 하지"하고 흉을 볼까 봐 가슴을 졸이게 된다. 경민이네처럼 아예 외출을 자제하는 부모들도 있는데 언제까지나 아이를 집에만 가둬놓고 키울 수는 없는 노릇이다. 공공장소에 아이를 데려갔을 때 생길 수 있는 상황에 미리 대처할 수 있는 방법을 강구해 내야만 한다.

아이의 행동을 미리 예측하고, 준비해 둔다

부모들이 아이와 함께 공공장소에 가는 것을 두려워하고 당황하는 것은 아이가 문제를 일으키고 나서야 어떻게 해야 할지 생각하기 때문이다. 아이가 문제를 일으킨 후에 해결 방안을 생각하는 것은 이미 늦었다. 아이는 벌써 통제하기 힘든 상태가 되어 있고, 주위 사람들의 시선 때문에 부모는 침착하게 대처할 수 없는 상황에 이른 것이다. 그러므로 부모는 내 아이가 공공장소에서 행할 수 있는 행동을 미리 예상하여 해결방안을 준비해 두는 것이 좋다.

아이를 공공장소에 데리고 갈 때에는 출발하기 전에 아이가 지켜야 할 행동규칙을 말해주는데, 이때 규칙들은 아이가 평소 공공장소에 갔을 때 자주 어기던 것으로 해야 한다. 외식을 하러 식당에 갔다고 한다면 "뛰지 마", "옆 테이블에 가지 마", "조르지 마"와 같은 행동들일 것이다. 규칙을 말해 준 후에는 아이에게 규칙을 재확인 받아야 하는데, 아이가 만약에 말하기를 거부한다면 과감히 공공장소에 데리고 가지 말아야 한다.

행동규칙을 지키지 않았을 때 받아야 할 벌도 알려준다. 만약 아이에게 보상 제도를 하고 있다면 칩을 빼앗는다거나, 타임아웃을 할 것이라는 점을 이야기해 준다. 그리고 공공장소에 들어가서는 타임아웃을 시행할 수 있는 곳을 눈여겨봐 둔다.

행동규칙을 잘 따르면 보상이 따를 것이라는 말도 분명히 해 줘야 하는데, 아이가 적절한 행동을 할 때마다 보상으로 줄 수 있어야 한다. 엄마들 중에 착한 행동을 하면 선물을 사주겠다고 말하는 부모도 있다. 하지만 이러한 행동은 자칫 아이에게 '엄마 말을 잘 따르면 선물이 생기는구나' 라는 물욕을 품게 만들기 때문에 되도록 사용하지 않는 것이 좋다. 앞서도 말했듯이 보상제도만으로도 충분히 교화가 가능하니까 말이다.

공공장소 안에 들어가서 아이가 규칙을 잘 따른다면 그 행동에 대해 지속적으로 관심을 기울이고 칭찬을 해 준다. 보상제도를 하고 있는 경우에는 일정한 간격으로 칩, 점수 등을 주고, 만약 아이가 말을 듣지 않는다면 타임아웃을 실시해야 한다. 공공장소의 조용한 곳으로 데려가 벽을 바라보고 서있게 하면 되고, 이때 타임아웃을 실시하는 시간은 가정보다 짧게 해야 효과가 있다. 왜냐하면 아이도 주변의 창피함을 느끼기 때문이다.

타임아웃을 하는 동안 부모는 아이 곁에 있어야 하지만 관심을 보여서는 안 되며, 규칙을 따르겠다고 아이가 말했을 때 타임아웃을 끝낸다. 타임아웃을 할 장소가 없을 때에는 아이를 밖으로 데리고 나가 건물 벽을 보고 서 있게 하거나 자동차로 데려가 뒷좌석 바닥에 앉아 있게 한다.

게임에 빠진 아이,
특별한 놀이시간으로 탈출시키자

컴퓨터 게임중독은 백 가지 약보다는 예방이 중요하다. 아이를 컴퓨터 게임으로부터 예방하는 가장 좋은 방법은 특별한 놀이시간을 갖는 것이다.

우리나라 부모들은 아이를 너무 쉽게 미디어에 노출시키는 경향이 있다. 아이가 어려서부터 텔레비전을 늘 켜놓고 생활하는 가정이 많아서 아이는 언제든지 텔레비전을 볼 수 있다. 또, 어떤 가정은 어린 아이를 돌보기 힘들 때마다 서너 시간씩 텔레비전이나 비디오를 켜놓고 보게 하는 경우도 있다. 그런 생활 속에서 아이는 미디어를 거부감 없이 받아들이게 된다.

텔레비전과 비디오, 만화에 열광했던 아이들은 조금씩 자라면서 컴퓨터라는 매체를 새롭게 접하게 된다. 텔레비전과 비디오 만화는 일방적인 자극을 받는 것인데 반해 컴퓨터는 인터넷을 통해 상호 의사전달이 가능하고 참여할 수 있는 공간이 주어지기 때문에 오히려 빠르게 빠져든다.

"너 지금 몇 시니? 엄마랑 게임 한 시간만 하기로 약속했잖아."

"조금만 더 하고 엄마, 이거 한판만 더 할게."

1가구 1PC를 자랑하고 인터넷 보급률 1위인 우리나라에서 컴퓨터 때문에 부모와 자녀가 실랑이하는 모습을 자주 목격할 수 있다. 컴퓨터를 할 줄 아는 아이의 부모라면 한 번쯤 컴퓨터 금지령을 내려 본 경험이 있을 것이다. 컴퓨터의 순기능에도 불구하고 부모가 아이에게 컴퓨터 금지령을 내리는 이유는 아이의 무절제한 컴퓨터 사용 때문이다. 한 번 시작하면 장시간 컴퓨터 앞에 앉아 있는 아이의 모습을 보면 정서적으로나 육체적으로 무척 위태로워 보인다.

컴퓨터는 매우 흥미롭다. 나 역시 컴퓨터 하나면 하루를 재밌게 보낼 수 있는 인터넷족이다. 사실, 어른보다 인터넷 활용도가 광범위한 것은 바로 아이들이다. 미니홈피나 블로그에 열광하고, 채팅과 이메일, 인터넷 모임 등을 통해 새로운 인간관계를 형성해 간다. 그래서 아이는 컴퓨터 곁을 지키며 자기만의 세계를 만들어 가는 것이다. 무엇보다 아이들을 컴퓨터에서 떠나지 못하게 하는 것은 바로 게임이다.

게임은 중독성이 강하기 때문에 성인도 결심을 단단히 하지 않고서는 게임의 유혹을 쉽사리 떨쳐 버릴 수가 없다. 접근하기 쉬운 게임은 아이들 사이에 화제의 중심이 된다. 유행하는 게임을 모르거나 잘 하지 못하면 대화에 낄 수조차 없다. 게다가 아이들 대화 역시 게임과 인터넷 용어가 많아서 원활한 소통을 하기 위해서는 어쩔 수 없이 인터넷과 게임을 할 수밖에 없다. 이런 아이들의 사정도 모르는 바는 아니지만 부모가 컴퓨터를 못하게 하는 이유는 해야 할 일을 무시하고 지나치게 홀려 있기 때문이다.

컴퓨터 사용 시간을 통제하자

아이가 컴퓨터 게임에 빠져들지 않게 하려면 아이가 어려서부터 감각적이고 자극적인 영상 매체에 길들여지지 않도록 노력해야 한다. 쉴 새 없는 시각 자극을 주어 생각할 필요도, 시간도 없게 만드는 영상 매체에 익숙해진 아이들은 사고력도 떨어질 뿐 아니라 책을 읽거나 사색하려 들지 않는다.

처음엔 내버려 두다가 아이가 재미를 느낀 이후에 조절하게 하려면 힘이 많이 든다. 그래서 애초부터 텔레비전도 정해진 시간 동안 정해진 프로만 보게 하고, 컴퓨터를 할 수 있는 시간도 통제해야 한다. 부모가 맞벌이를 하는 경우에는 시간을 제한하는 프로그램이나 요금으로 통제할 수 있는 방법을 쓰고, 이도 힘들면 컴퓨터 코드를 빼놓고 정해진 시간 동안에만 연결해 준다. 그리고 숙제 등 '해야 할 일'을 한 다음 그 행동에 대한 보상으로 일정 시간 컴퓨터 게임을 허용해야 한다. 컴퓨터 게임, 텔레비전 시청 등과 같은 '하고 싶은 일'을 먼저 해 버리고 숙제, 공부 등 '해야 할 일'을 나중에 어쩔 수 없이 하게 되는 생활에 익숙해진 아이들은 두 가지 일의 순서를 바꾸는 것이 쉽지 않다. 따라서 아이가 스스로 할 수 있을 때까지 부모의 적극적인 지도가 필요하다.

아이를 컴퓨터 게임으로부터 멀어지게 하는 '특별한 놀이시간'

게임 중독도 백 가지 약보다는 예방이 중요하다. 아이를 컴퓨터 게임으로부터 예방하는 가장 좋은 방법은 특별한 놀이시간을 갖는 것이다. 우리나라 부모들은 아이에게 '숙제해라', '세수해라', '오락하지 마라' 등 지시하고 명령은 잘 하지만 능동적으로 아이와 대화를 하는 경우는 그리 많지 않다. 아이가 산만하고 말을 듣지 않는 경우에 더욱 심한데,

말을 듣지 않는 아이일수록 하루 30분 이상의 특별한 놀이시간을 가져 둘만의 교감을 나누어야 한다. 아이는 말썽을 피우거나 문제를 일으켜야 받았던 부정적인 관심에서 벗어나 긍정적인 관심을 받으면서 스스로에 대해 자긍심을 느끼게 되는 것이다.

그렇다면 아이와의 '특별한 놀이시간'은 어떻게 갖는 것이 좋을까? 자녀가 9세 이하라면 매일 일정한 시간대에 20~30분을 정해 놓고 자녀와 놀아주는 것이 좋고, 9세 이상이라면 아이를 잘 지켜보다가 혼자서 놀이 활동을 즐기고 있는 시간을 포착해서 부모가 놀이에 동참하는 것이 좋다. 이때 아이의 형제들은 참여시키지 말아야 한다. 아이가 자신이 특별히 관심을 받고 있다는 느낌을 가질 수 없기 때문이다.

아이가 스스로 놀이를 선택하도록 해야 하지만 TV 시청 등은 허용해선 안 되며, 놀이 중에는 가능한 한 아무 질문도, 지시도 하지 말아야 한다. 대부분의 질문은 불필요할 뿐 아니라 놀이에 방해되기 때문이다. 다만, 아이가 하고자 하는 놀이가 무엇인지 모를 경우, 그것이 어떻게 하는 것인지를 질문하는 것은 괜찮다.

놀이를 통해서 아이에게 뭔가를 가르치려 해서도 안 된다. 그냥 자연스럽게 아이와 부모 모두가 편안한 마음으로 즐겨야 다음에도 지속적인 참여를 기대할 수 있다. 부모는 놀이 중에 아이의 마음에 드는 점을 칭찬해 주는 긍정적인 말을 해 줘야 한다. 예를 들면 "난 우리 철이가 이렇게 차분하게 놀 때가 좋더라", "철이와 같이 노니까 정말 재미있구나", "야, 이거 정말 근사하구나. 참 잘 만들었어" 등이다.

또, 부모가 아이의 놀이에 흥미를 가지고 있다는 것을 보여주기 위해 아이와 하고 있는 놀이의 진행 상태를 잔잔한 목소리로 설명해 주는 것도 좋다. 마치 축구나 야구 경기를 중계하는 해설자처럼 말이다.

사실, 생활이 바쁜 부모가 아이와 정기적으로 놀이시간을 갖는 것은 생각처럼 쉽지 않다. 하지만 이 같은 부모의 노력은 아이를 게임의 유혹에서 벗어나도록 하는데 기대 이상의 효과를 가져올 것이다.

에필로그_ 지금도 늦지 않았다!

사랑이 아이의 양육과 교육에 절대적인 영향력을 가지고 있다는 것은 누구나 다 아는 사실이다. 아이에게 아무리 좋은 자녀 교육법을 실천한다 해도 그 바탕에 부모의 사랑이 없으면 아이는 정신적으로 완전한 성숙을 이루기 어렵다. 하지만 좋은 사랑도 지나치게 고이면 썩기 마련이다. 지나친 사랑은 자칫 잘못하다가는 아이에게 간섭과 구속으로 비쳐질 수 있기 때문이다.

그러므로 부모들이여! 아이를 조금만 덜 사랑하자. 아이를 성공적으로 키워야 한다는 생각에 사로잡혀 간섭을 하게 되면 엄마의 뜻대로 움직이는 아이가 될 수는 있어도 주체적이고 정체성이 형성된 아이로 자라지는 못한다. 엄마는 아이를 간섭하고 구속하는 사람이 아니라 충고를 해 주는 사람이어야 하며, 그것이 아이의 행복을 바라는 진정한 엄마의 모습일 것이다.

급속도로 변화하는 요즘 같은 시대에는 예전과 달리 대학만을 나오거나, 아니면 한 가지 일만 잘하는 인재를 원하지 않는다. 다양한 분야에서 지식과 실전을 겸비한 멀티플레이형 사람을 선호하며, 자주적이고 능동적이며 창조적인 인재가 주목을 받는다. 그렇기 때문에 엄마의 지나친 '사랑 보호막'에서 자란 공부만 잘하는 순종적인 아이는 요즘 같은 때에 사회적 한계를 보이기 마련이다.

사회는 관계의 연속이다. 가정에서도, 학교에서도, 사회에서도, 관계는 끊임없이 지속된다. 인격의 성숙도에 따라서 관계는 무르익거나 잘려지기도 한다. 그래서 사회 속에서 원활한 소통을 하기 위해서는 인격적 성숙도가 높아야 하는 것이다. 성공한 사람을 판단하는 기준은 사회적 지위에 있는 것이 아니라 바로 인격적 우위에 있다.

전前 영국수상 처칠, 시인 바이런, 네루 전前 인도수상을 배출해 낸 영국의 유명 사립학교 해로우 스쿨Harrow School은 최상의 학교로 꼽힌다. 그 이유는 유명인이 다녀서가 아니라 수많은 인재를 키워내는 탁월한 교육 방식 때문이다.

이곳의 교육 방식은 학생 스스로 생각하고 깨우치게 하는 인격적 훈육을 기본이념으로 한다. 수업은 모두 연구 위주로 진행하여 학생들이 스스로 공부하고 사고의 범위를 넓힐 수 있도록 하고 있으며, 강압적으로 공부만 하라고 강요하지 않는다. 각 분야의 리더가 되기 위해서는 다양한 경험을 쌓는 것이 중요하기 때문이다. 학생들은 원하기만 하면 언제든지 학교 내에 마련된 테니스장, 수영장, 승마장, 럭비구장과 골프코스까지 다양하게 이용하면서 스포츠를 즐길 수 있다. 이러한 다양성이 유능한 인재를 배출하는 원동력이 되는 것이다.

"성공한 인생에 이르는 길은 한 가지가 아니다. 우리는 학생들에게 한 가지 길을 권유하지 않는다. 학생에게 적합하지 않은 것을 학교가 판단하고 배제하기보다는 학생 스스로 선택하게 하며, 학생만의 독특한 강점과 재능을 강화시켜 줌으로써 각 분야의 리더가 되도록 하는 것이 중요하다." 해로우 스쿨은 이 같은 교육방침을 그대로 실천하고 있다.

다양한 경험을 한 아이들일수록 선택의 폭이 넓어지고 사고의 깊이가 생기며 재능을 발견할 기회가 많아진다. 아이들에게 지나친 학습만을 요구하여 성장 시기에 맞게 쌓아야 할 다양한 경험들을 제어하는 부모들이 있다면 다시 한 번 성찰의 자세가 필요하다.

내 아이를 맑고, 밝고, 건강하게 키우고 싶다면 부모의 욕심부터 버리자. 부모의 사랑으로 포장된 지나친 간섭은 좁은 시야를 가진 수동형 인간으로 만들 뿐이다.

memo

"팜파스와 블로그 친구가 되어 보세요"

blog.naver.com/pampasbook

★ 신간 소개는 물론 다양한 이벤트로 여러분의 방문을 기다리고 있습니다.

★ '블로그 이벤트'에 참여하세요. 당첨되신 분들에게는 소정의 상품을 드립니다.

★ 엽서를 보내주신 분들 중 추첨을 통해 팜파스에서 펴낸 도서 1권을 보내드립니다.

우 편 엽 서

우편요금
수취인 후납
발송유효기간
2009.5.10~2011.5.9
서울마포우체국
승인 제40634호

보내는 사람

이름 _____

주소 _____

연락처 _____

팜파스

121-840
서울시 마포구 서교동 404-26 팜파스빌딩 2층
전화 02-335-3681 | 팩스 02-335-3743

홈페이지 | www.pampasbook.com
이 메 일 | pampas@pampasbook.com
블 로 그 | blog.naver.com/pampasbook

팝파스

팝파스는 여러분의 소중한 의견을 기다리고 있습니다.
이 엽서를 보내주신 분들께 매월 추첨을 통해 팝파스에서 펴낸 도서 1권을 보내드립니다.

• 구입하신 책의 제목은?

• 이 책을 어떻게 알게 되었습니까?
① 서점에서 ② 온라인 서점에서 ③ 주변 사람들의 추천으로 ④ 광고 또는 기사를 통해
⑤ 인터넷을 통해(사이트명:) ⑥ 기타(   )

• 왜 이 책을 구입하셨습니까?
① 내용이 흥미로워서 ② 제목이 마음에 들어서 ③ 디자인이 좋아서 ④ 가격이 적당해서
⑤ 전에 팝파스 책을 읽고 만족해서 ⑥ 기타

• 관심분야 (성별: 남, 여 | 나이   세)
□ 경제경영   □ 자기계발   □ 재테크
□ 육아   □ 자녀교육   □ 요리
□ 여행   □ 실용   □ 비소설

• 팝파스에서 발송하는 뉴스레터나 도서목록을 이메일로 받아보시겠습니까? 예□ 아니오□

e-mail 주소: